主办 中国建设监理协会

中国建设监理与咨询

17

2017 / 4
总第17期

CHINA CONSTRUCTION
MANAGEMENT and CONSULTING

U0312948

中国建筑工业出版社

图书在版编目（CIP）数据

中国建设监理与咨询　17 / 中国建设监理协会主办. —北京：中国建筑
工业出版社，2017.8

ISBN 978-7-112-21187-6

Ⅰ.①中…　Ⅱ.①中…　Ⅲ.①建筑工程—监理工作—研究—中国
Ⅳ.①TU712

中国版本图书馆CIP数据核字（2017）第217271号

责任编辑：费海玲　焦　阳
责任校对：焦　乐　张　颖

中国建设监理与咨询　17

主办　中国建设监理协会

＊

中国建筑工业出版社出版、发行（北京海淀三里河路9号）
各地新华书店、建筑书店经销
北京嘉泰利德公司制版
北京方嘉彩色印刷有限责任公司印刷
＊

开本：880×1230毫米　1/16　印张：7¹/₂　字数：300千字
2017年8月第一版　2017年8月第一次印刷
定价：**35.00**元
ISBN 978-7-112-21187-6
　　　　（30845）

17

2017 / 4
总第17期

CHINA CONSTRUCTION
MANAGEMENT and CONSULTING

中国建设监理与咨询

目录 CONTENTS

■ 项目管理与咨询

■ 创新与研究

■ 人才培养

■ 企业文化

北京市监理协会开展 2017 年"行业调研工作"

6 月 28 日、29 日，北京市监理协会领导班子分三个组，在第四、第五、第十三协作组中开展 2017 年"行业调研工作"。调研内容：1. 了解监理企业经营状况及面临的困难；2. 对稳定监理取费的意见和建议；3. 对协会工作的意见和建议；4. 对政府管理部门的意见和建议；5. 其他意见和建议。

赛瑞斯、泛华、希达等 39 家监理单位共计 53 人参加了调研会。各单位对此次调研非常重视，会上发言十分踊跃，积极反映监理单位目前面临的问题和困境，如：监理取费、监理发展方向、自律诚信、电子招投标管理、监理人员流失、后继人才匮乏等问题，并为北京市监理行业的发展献计献策。建议协会加强对监理人员的培训、加强相互交流机会、加强与市住建委的沟通，促进监理事业更加兴旺发展。

李伟会长在第四协作组调研时指出：监理单位反映的问题很中肯，很现实，也反映出监理行业是团结的集体。监理单位要坚定信心，在稳定中求发展，做好质量、安全的监理工作，就有生存和发展的空间，就是为政府、为社会排忧解难，因此要干好自己的事，努力提升监理整体素质，改善监理人员结构。根据此次调研情况，选 2~3 个亟待解决的问题，召开专题会议，集思广益，找出解决问题的办法，提交上级主管部门。

本次"调研报告"将报送上级有关政府主管部门。

（张宇红 提供）

青海省建设监理协会召开全省监理行业工程质量安全提升行动宣贯会及建筑安全标准化示范项目观摩会

为贯彻落实住房和城乡建设部《工程质量安全提升行动方案》和青海省住房城乡建设厅《青海省工程质量安全提升行动实施方案》，充分发挥监理人的作用，确保工程质量安全提升行动的总体目标的实现。2017 年 6 月 30 日上午，青海省建设监理协会召开全省监理行业工程质量安全提升行动宣贯会并组织观摩了建筑安全标准化示范项目。协会会长、副会长、秘书长及各监理企业的负责人和技术负责人 180 余人参加了会议。省住房和城乡建设厅建管处唐晓剑处长、省建设工程质量监督总站李红站长应邀参加了会议。会议由协会会长妥福海主持。

宣贯会上青海省住房和城乡建设厅建筑业建管处唐晓剑处长解读了住房和城乡建设部《工程质量安全提升行动方案》和青海省住房和城乡建设厅《青海省工程质量安全提升行动实施方案》，并结合青海省实际情况就质量安全方面的工作作了进一步说明。

青海省建设工程质量安全监督总站李红站长结合"清华附中"安全事故案例，从当前监理行业存在的问题、青海省工程质量安全形势，住建部检查的内容、方法作了详细的介绍，对监理行业从规范用章、方案审查、危大项目监管、人员进场审核等方面作了详细的要求。

会上徐琳副会长传达了中国建设监理协会关于贯彻落实《工程质量安全提升行动方案》的通知；何小燕副会长宣读了青海省建设监理协会向全省监理行业发出的《认真履行监理职责，提升工程质量安全倡议书》；青海工程监理咨询有限公司、青海百鑫工程监理咨询有限公司和青海人防工程监理咨询有限公司总监才恒多杰分别代表公司及总监作了经验交流。

会议最后妥福海会长从提高认识，增强责任；提升监理技术创新能力；守法经营，公平竞争等方面向全省监理行业提出了希望和要求。

6 月 30 日下午协会组织观摩了青海省第五人民医院门诊住院医技综合楼建筑安全标准化示范项目。

广东省建设监理协会四届三次会员代表大会暨全过程工程咨询经验交流会议在广州召开

2017年6月20日下午，广东省建设监理协会四届三次会员代表大会在广州嘉鸿华美达广场酒店隆重召开。参加大会的有，会长孙成，副会长付晓明、吴林、陈如山、肖学红、陈甡、赵旭、麦立军，监事长黎锐文以及会员代表359人。大会还特别邀请了广东省住房和城乡建设厅建筑市场监管处科长何志坚，香港测量师学会何钜业、李国华先生到会莅临指导。会议由协会秘书长李薇娜主持。

孙成会长作了《广东省建设监理协会近期工作情况报告》。报告从六个方面介绍了协会近一年来的主要工作情况：1.承接政府职能，加强行业管理；2.认真开展行业调研，向政府建言献策；3.应会员之需，提供贴心式服务；4.加强自身建设，推行精准服务；5.加强行业内外的交流与学习；6.全力做好教育培训，提升行业整体素质。

会议听取并表决通过了协会工作报告、2016年财务收支情况报告、2016年度监事会工作报告、协会个人会员管理办法修改说明和理事会成员变更名单。

会议听取付晓明副会长作修订《广东省建设监理协会章程》修改的说明，经大会投票表决通过了《章程》新修改的条款第五十一条。

会议听取李薇娜秘书长介绍协会新开发的信息系统主要功能模块及特点。

会议特邀中国建设监理协会专家委员会委员、北京交通大学刘伊生教授作《实施全过程工程咨询的战略思考》专题报告；中国建设监理协会专家委员会委员、上海同济工程咨询有限公司杨卫东总经理作《全过程咨询管理实践》专题演讲。

（高峰 提供）

河南省建设监理协会三届十二次会长工作会在郑州召开

2017年7月7日下午，河南省建设监理协会三届十二次会长工作会在郑州召开。会议审议通过了《河南省建设工程质量安全监理知识竞赛方案》《河南省专业监理工程师管理办法》和《河南省专业监理工程师培训考核大纲》，讨论了专业监理工程师培训考核实施方案。会长陈海勤主持会议，专家委员会有关专家列席会议。

陈海勤会长在会议中指出，专业监理工程师培训考核工作不仅是行业的大事，

也是企业的大事，关系到行业人才队伍的建设和培养，务必高度重视，认真落实。专业监理工程师培训和考核，要在主管部门的指导下，按照考培分离的程序和原则，严格培训，严格考核，让专业监理工程师在培训考核中得到感悟、得到提高，收获进步。

会议集体学习了《关于贯彻落实（国务院办公厅关于促进建筑业持续健康发展的意见）重点任务及分工方案》、河南省住房城乡建设厅《关于进一步加强危险性较大的分部分项工程安全管理的通知》等政策文件。

（耿春 提供）

山西省建设监理协会成功举办迎七·一"建设监理杯"羽毛球大赛

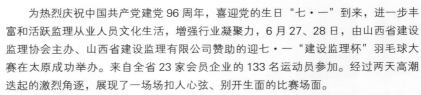

为热烈庆祝中国共产党建党 96 周年，喜迎党的生日"七·一"到来，进一步丰富和活跃监理从业人员文化生活，增强行业凝聚力，6 月 27、28 日，由山西省建设监理协会主办、山西省建设监理有限公司赞助的迎七·一"建设监理杯"羽毛球大赛在太原成功举办。来自全省 23 家会员企业的 133 名运动员参加。经过两天高潮迭起的激烈角逐，展现了一场场扣人心弦、别开生面的比赛场面。

协会副会长田哲远、林群、冯世彪，副秘书长孟慧业、焦永平、王海军，省监理公司董事长张建安、裁判长马桂林出席大赛开幕式；副秘书长孟慧业主持。

本次比赛是协会为迎接建党 96 周年生日的献礼，也是年初理事会安排为会员单位搭建友谊桥梁的行业体育盛会，对提高从业人员体质和行业凝聚力具有十分重要的意义。

通过大家的共同努力，本次大赛得以圆满成功。协会殷切希望全省监理从业人员学习运动员比赛中展现出的精益求精、敢为人先的体育精神并运用到监理工作的实践中，为山西省监理事业的健康持续发展作出更大贡献！

（孟慧业　提供）

全过程咨询：互学互鉴互利共赢

2017 年 6 月 9 日，北京市工程咨询协会、北京市建设工程造价管理协会、北京市建设监理协会等联合主办"全过程咨询·2017"主题沙龙活动，探讨全过程咨询深层次服务及实施路径。

北京市建设监理协会李伟会长到会并致辞。李伟会长指出：本次大会是第一次通过社会力量发起、第一次由三家协会联合主办、第一次用非行政组织方式聚集了重点企业的核心高管，是一次高层次、高水平的研讨沙龙。李会长提出四点建议：一是共同开发资源、共同探讨咨询行业深层次的服务路径；二是提高素质，充分发挥自身优势，做精做强既有业务；三是强强联合，共同开发新的立体化、全方位工程咨询服务市场；四是紧密合作，加强三个协会的联系，充分发挥桥梁纽带作用，做好双向服务。李伟会长还介绍了市监理协会近期的主要工作。首都咨询行业在发展过程中需要使命感、责任感、价值感、荣誉感，希望咨询行业全体同仁团结起来，共同促进全行业整体水平的提升。

北京市优秀工程咨询、造价、监理、项目管理等单位的代表 180 余人参加了研讨沙龙活动。

（张宇红　提供）

2017 年天津市建设工程质量安全工作会议召开

天津市城乡建设委员会文件

津建质安〔2017〕189号

市建委关于印发天津市工程质量安全
提升行动方案的通知

滨海新区建交局、各区建委、各集团（总）公司、各有关单位：
根据《住房城乡建设部关于印发工程质量安全提升行动方案的通知》（建质【2017】57号），我委制定了《天津市工程质量安全提升行动方案》，现印发给你们，请认真贯彻实施。

2017年5月20日

（此件主动公开）

6月21日，2017年天津市建设工程质量安全工作会议在津召开，天津市政府副市长孙文魁，市建委主任宋力威、副主任翟家常，市质安监管总队总队长郝恩海出席会议，市政府副秘书长穆怀国主持会议。天津市监理协会部分会员单位主要负责人出席了本次会议。

会议首先由市建委宋力威主任对天津市2016年建设领域主要工作进行总结，安排部署了2017年建设工程领域重点工作。

会上分别由滨海新区、轨道交通集团、市建工集团表态发言，表达了夯实主体责任、强化责任担当、确保质量安全的决心。

孙文魁副市长讲话肯定了建设系统工作的成绩，也对今后工作提出了要求，他提出了六个强化。一是强化思想认识，要强化隐患就是事故、事故就要处理的观念；二是要强化风险排查，对隐患处理要下狠手、下重拳，毫不含糊；三是要强化责任落实，要将主体责任落实到位，落实属地监管责任；四是强化制度建设，加强建设市场诚信体系建设；五是强化考核问责，提高责任感，惩治不作为、乱作为，落实追责问责；六是强化扬尘管控，加大力度为建设美丽天津作贡献。

会议还对鲁班奖、优质工程奖、金奖海河杯、海河杯工程的获奖单位进行了表彰，其中天津市监理协会会员单位天津市建设工程监理公司、天津市路驰建设工程监理有限公司等41家监理企业的339个项目获奖。

（张帅 提供）

新版工程质量保证金管理办法出台保证金预留比例下调两个百分点

为贯彻落实国务院关于进一步清理规范涉企收费、切实减轻建筑业企业负担的精神，规范建设工程质量保证金管理，近日，住房城乡建设部、财政部对《建设工程质量保证金管理办法》进行了修订，将建设工程质量保证金预留比例由5%降至3%，下调了两个百分点。

根据新版《建设工程质量保证金管理办法》（以下简称"新办法"），发包人应当在招标文件中明确保证金预留、返还等内容，并与承包人在合同条款中对涉及保证金的相关事项进行约定，如保证金预留、返还方式及保证金预留比例、期限等。

在工程项目竣工前，已经缴纳履约保证金的，发包人不得同时预留工程质量保证金。采用工程质量保证担保、工程质量保险等其他保证方式的，发包人不得再预留保证金。

缺陷责任期内，承包人认真履行合同约定的责任；到期后，承包人向发包人申请返还保证金。

发包人在接到承包人返还保证金申请后，应于14天内会同承包人按照合同约定的内容进行核实。如无异议，发包人应当按照约定将保证金返还给承包人。对返还期限没有约定或者约定不明确的，发包人应当在核实后 14 天内将保证金返还承包人，逾期未返还的，依法承担违约责任。发包人在接到承包人返还保证金申请后 14 天内不予答复，经催告后 14 天内仍不予答复的，视同认可承包人的返还保证金申请。

新办法对保证金的预留管理也有严格的规定。缺陷责任期内，实行国库集中支付的政府投资项目，保证金的管理应按国库集中支付的有关规定执行。其他政府投资项目，保证金可以预留在财政部门或发包方。缺陷责任期内，如发包方被撤销，保证金随交付使用资产一并移交使用单位管理，由使用单位代行发包人职责。

社会投资项目采用预留保证金方式的，发、承包双方可以约定将保证金交由第三方金融机构托管；推行银行保函制度，承包人可以银行保函替代预留保证金。

对于预留保证金的比例，新办法规定，发包人应按照合同约定方式预留保证金，保证金总预留比例不得高于工程价款结算总额的 3%。合同约定由承包人以银行保函替代预留保证金的，保函金额不得高于工程价款结算总额的 3%。

据了解，新办法自 2017 年 7 月 1 日起施行，原《建设工程质量保证金管理办法》同时废止。

（冷一楠收集　摘自《中国建设报》宗边）

福建省装配式建筑监理业务第二期第 1 班培训班在福建漳州举办

福建省装配式建筑监理业务第二期第 1 班培训班于 2017 年 7 月 10 日至 7 月 14 日在福建漳州顺利举办。本次培训共有监理企业 95 家，推荐 95 名总监参加培训。本次培训班的会务工作得到福建越众日盛建设咨询有限公司的鼎力协助，现场观摩得到福建省泷澄建筑工业有限公司和福建建超建设集团有限公司的大力支持，培训师资获得福建工程学院管理学院、厦门协诚工程建设监理有限公司、厦门长实建设有限公司、泉州市工程建设监理事务所等有关单位的大力支持。

本次培训采用理论讲解、现场观摩和经验交流相结合的创新模式。设置理论课程有装配式建筑概论、装配式建筑施工安装技术、装配式建筑监理实务及宣贯《福建省装配整体式混凝土结构工程监理导则（试行）》，并邀请福建省具有装配式建筑项目监理经验的项目总监进行经验交流。同时，观摩学习了福建省泷澄建筑工业有限公司办公综合楼项目施工现场及其 PC 构配件生产厂商和福建建超建设集团有限公司，使学员对装配式建筑和 PC 构配件生产有了较直观的了解。

本次培训过程中，每位学员均准时出勤，认真学习，不断思考问题。培训结束后，每位学员都按时提交了培训总结，较好地完成了布置任务。根据学员反馈，均对培训组织工作评价良好。

（杨溢　提供）

世界上穿越戈壁沙漠最长高速公路—京新高速公路全线通车

2017 年 7 月 15 日，由北京中港路通工程管理有限公司监理的目前世界上穿越戈壁沙漠最长高速公路—（北）京新（乌鲁木齐）高速公路（G7）全线通车。内蒙古自治区在京新高速公路临（河）白（疙瘩）段达来呼布收费站举行了盛大的通车发布会，自治区副主席王波和自治区交通厅、巴彦淖尔市及参建单位有关领导出席了发布会。新华社、人民日报、中央电视台、中央人民广播电台等多家中央主流媒体记者齐聚通车现场，共同见证了这一历史时刻。

京新高速公路是我国高速公路网规划的第七条放射线，是连接内地与新疆的第二条大通道，是国家西部大开发的重要交通要道，是目前亚洲投资最大的单体公路建设项目，也是"一带一路"标志性工程，全长 2540km。根据不同路段建设时序安排，目前在北京、河北、山西境内个别路段与京藏高速共线，新疆境内经哈密与连霍高速共线。通车的三个路段共 1243km：内蒙古临河至白疙瘩段 930km，甘肃省白疙瘩至明水段 134km，新疆明水至哈密段 178km。

（龚成术　提供）

上海市建设工程咨询行业协会举办 2017 年度"建设监理安全专题培训"

7 月 3 日下午，上海市建设工程咨询行业协会受上海市建设工程安全质量监督总站委托，举办了 2017 年度"建设监理安全专题培训"，参加培训的有 2016 年 5 月至 2017 年 5 月期间发生施工安全事故项目相关的监理企业法人代表及该项目总监理工程师，共计四十余人。培训邀请了安质监总站陶为农副站长，以及协会监理资深专家汪源，分别就近年建设安全生产相关法律法规、典型建设安全生产事故等作具体的政策解读和案例分析。协会徐逢治秘书长主持会议。

陶为农副站长就 2017 年安全监管重点推进事项作了介绍，同时强调，随着国家不断深化"放管服"改革，各方职责越来越明晰，监管手段越来越人性化、市场化；监理的安全监督工作要形成体系，发动各层次各岗位的安全监督能动作用。

汪源专家对监理安全监督职责从法律法规赋予、监理合同约定、标准规范规定三方面作了进一步梳理和界定，通过数据分析近年我国建设安全生产的现状和差距，结合案例详细剖析了常见的安全事故隐患，以及监理应当如何作为并积极发挥作用。

会上，徐逢治秘书长指出，监理企业要全面响应住建部《工程质量安全提升行动方案》，巩固工程质量治理两年行动成果，进一步强化风险意识和责任意识，积极、严格地履行建设工程安全生产管理法定职责，强化施工安全监督责任，踏实做好本职工作，提升工程质量安全水平。

本次培训针对性、实用性强，与会人员纷纷表示受益匪浅，并将进一步在企业中传达落实相关要求。

住房城乡建设部关于促进工程监理行业转型升级创新发展的意见

建市[2017]145号

各省、自治区住房城乡建设厅，直辖市建委，新疆生产建设兵团建设局，中央军委后勤保障部军事设施建设局：

建设工程监理制度的建立和实施，推动了工程建设组织实施方式的社会化、专业化，为工程质量安全提供了重要保障，是我国工程建设领域重要改革举措和改革成果。为贯彻落实中央城市工作会议精神和《国务院办公厅关于促进建筑业持续健康发展的意见》（国办发[2017]19号），完善工程监理制度，更好发挥监理作用，促进工程监理行业转型升级、创新发展，现提出如下意见：

一、主要目标

工程监理服务多元化水平显著提升，服务模式得到有效创新，逐步形成以市场化为基础、国际化为方向、信息化为支撑的工程监理服务市场体系。行业组织结构更趋优化，形成以主要从事施工现场监理服务的企业为主体，以提供全过程工程咨询服务的综合性企业为骨干，各类工程监理企业分工合理、竞争有序、协调发展的行业布局。监理行业核心竞争力显著增强，培育一批智力密集型、技术复合型、管理集约型的大型工程建设咨询服务企业。

二、主要任务

（一）推动监理企业依法履行职责。工程监理企业应当根据建设单位的委托，客观、公正地执行监理任务，依照法律、行政法规及有关技术标准、设计文件和建筑工程承包合同，对承包单位实施监督。建设单位应当严格按照相关法律法规要求，选择合格的监理企业，依照委托合同约定，按时足额支付监理费用，授权并支持监理企业开展监理工作，充分发挥监理的作用。施工单位应当积极配合监理企业的工作，服从监理企业的监督和管理。

（二）引导监理企业服务主体多元化。鼓励支持监理企业为建设单位做好委托服务的同时，进一步拓展服务主体范围，积极为市场各方主体提供专业化服务。适应政府加强工程质量安全管理的工作要求，按照政府购买社会服务的方式，接受政府质量安全监督机构的委托，对工程项目关键环节、关键部位进行工程质量安全检查。适应推行工程质量保险制度要求，接受保险机构的委托，开展施工过程中风险分析评估、质量安全检查等工作。

（三）创新工程监理服务模式。鼓励监理企业在立足施工阶段监理的基础上，向"上下游"拓展服务领域，提供项目咨询、招标代理、造价咨询、项目管理、现场监督等多元化的"菜单式"咨询服务。对于选择具有相应工程监理资质的企业开展全过程工程咨询服务的工程，可不再另行委托监理。适应发挥建筑师主导作用的改革要求，结合有条件的建设项目试行建筑师团队对施工质量进行指导和监督的新型管理模式，试点由建筑师委托工程监理实施驻场质量技术监督。鼓励监理企业积极探索政府和社会资本合作（PPP）等新型融资方式下的咨询服务内容、模式。

（四）提高监理企业核心竞争力。引导监理企业加大科技投入，采用先进检测工具和信息化手段，创新工程监理技术、管理、组织和流程，提升工程监理服务能力和水平。鼓励大型监理企业采取跨行业、跨地域的联合经营、并购重组等方式发展全过程工程咨询，培育一批具有国际水平的全过程工程咨询企业。支持中小监理企业、监理事务所进一步提高技术水平和服务水平，为市场提供特色化、专业化的监理服务。推进建筑信息模型（BIM）在工程监理服务中的应用，不断提高工程监理信息化水平。鼓励工程监理企业抓住"一带一路"的国家战略机遇，主动参与国际市场竞争，提升企业的国际竞争力。

（五）优化工程监理市场环境。加快以简化企业资质类别和等级设置、强化个人执业资格为核心的行政审批制度改革，推动企业资质标准与注册执业人员数量要求适度分离，健全完善注册监理工程师签章制度，强化注册监理工程师执业责任落实，推动建立监理工程师个人执业责任保险制度。加快推进监理行业诚信机制建设，完善企业、人员、项目及诚信行为数据库信息的采集和应用，建立黑名单制度，依法依规公开企业和个人信用记录。

（六）强化对工程监理的监管。工程监理企业发现安全事故隐患严重且施工单位拒不整改或者不停止施工的，应及时向政府主管部门报告。开展监理企业向政府报告质量监理情况的试点，建立健全监理报告制度。建立企业资质和人员资格电子化审查及动态核查制度，加大对重点监控企业现场人员到岗履职情况的监督检查，及时清出存在违法违规行为的企业和从业人员。对违反有关规定、造成质量安全事故的，依法给予负有责任的监理企业停业整顿、降低资质等级、吊销资质证书等行政处罚，给予负有责任的注册监理工程师暂停执业、吊销执业资格证书、一定时间内或终生不予注册等处罚。

（七）充分发挥行业协会作用。监理行业协会要加强自身建设，健全行业自律机制，提升为监理企业和从业人员服务能力，切实维护监理企业和人员的合法权益。鼓励各级监理行业协会围绕监理服务成本、服务质量、市场供求状况等进行深入调查研究，开展工程监理服务收费价格信息的收集和发布，促进公平竞争。监理行业协会应及时向政府主管部门反映企业诉求，反馈政策落实情况，为政府有关部门制订法规政策、行业发展规划及标准提出建议。

三、组织实施

（一）加强组织领导。各级住房城乡建设主管部门要充分认识工程监理行业改革发展的重要性，按照改革的总体部署，因地制宜制定本地区改革实施方案，细化政策措施，推进工程监理行业改革不断深化。

（二）积极开展试点。坚持试点先行、样板引路，各地要在调查研究的基础上，结合本地区实际，积极开展培育全过程工程咨询服务、推动监理服务主体多元化等试点工作。要及时跟踪试点进展情况，研究解决试点中发现的问题，总结经验、完善制度，适时加以推广。

（三）营造舆论氛围。全面准确评价工程监理制度，大力宣传工程监理行业改革发展的重要意义，开展行业典型的宣传推广，同时加强舆论监督，加大对违法违规行为的曝光力度，形成有利于工程监理行业改革发展的舆论环境。

中华人民共和国住房和城乡建设部

2017 年 7 月 7 日

2017年7月开始实施的工程建设标准

序号	标准编号	标准名称	发布日期	实施日期
		国标		
1	GB 51209-2016	发光二极管工厂设计规范	2016/10/24	2017/7/1
2	GB/T 51198-2016	微组装生产线工艺设计规范	2016/10/25	2017/7/1
3	GB 51206-2016	太阳能电池生产设备安装工程施工及质量验收规范	2016/10/25	2017/7/1
4	GB 51197-2016	煤炭工业露天矿节能设计规范	2016/10/25	2017/7/1
5	GB 50426-2016	印染工厂设计规范	2016/10/25	2017/7/1
6	GB/T 51200-2016	高压直流换流站设计规范	2016/10/25	2017/7/1
7	GB 51208-2016	人工制气厂站设计规范	2016/10/25	2017/7/1
8	GB/T 51191-2016	海底电力电缆输电工程施工及验收规范	2016/10/25	2017/7/1
9	GB/T 51207-2016	钢铁工程设计文件编制标准	2016/10/25	2017/7/1
10	GB 50340-2016	老年人居住建筑设计规范	2016/10/25	2017/7/1
11	GB 51199-2016	通信电源设备安装工程验收规范	2016/10/25	2017/7/1
12	GB 51205-2016	精对苯二甲酸工厂设计规范	2016/10/25	2017/7/1
13	GB/T 51190-2016	海底电力电缆输电工程设计规范	2016/10/25	2017/7/1
14	GB 50243-2016	通风与空调工程施工质量验收规范	2016/10/25	2017/7/1
15	GB 51201-2016	沉管法隧道施工与质量验收规范	2016/10/25	2017/7/1
16	GB 51202-2016	冰雪景观建筑技术标准	2016/10/25	2017/7/1
17	GB 51203-2016	高耸结构工程施工质量验收规范	2016/10/25	2017/7/1
18	GB 51204-2016	建筑电气工程电磁兼容技术规范	2016/10/25	2017/7/1
19	GB 50400-2016	建筑与小区雨水控制及利用工程技术规范	2016/10/25	2017/7/1
20	GB 51210-2016	建筑施工脚手架安全技术统一标准	2016/12/2	2017/7/1
21	GB/T 50900-2016	村镇住宅结构施工及验收规范	2016/12/2	2017/7/1
22	GB/T 51211-2016	城市轨道交通无线局域网宽带工程技术规范	2016/12/2	2017/7/1
23	GB/T 51212-2016	建筑信息模型应用统一标准	2016/12/2	2017/7/1
24	GB 51213-2017	煤炭矿井通信设计规范	2017/1/21	2017/7/1
25	GB/T 50451-2017	煤矿井下排水泵站及排水管路设计规范	2017/1/21	2017/7/1
26	GB 50446-2017	盾构法隧道施工及验收规范	2017/1/21	2017/7/1
27	GB 50318-2017	城市排水工程规划规范	2017/1/21	2017/7/1

序号	标准编号	标准名称	发布日期	实施日期
28	GB/T 51217-2017	通信传输线路共建共享技术规范	2017/1/21	2017/7/1
29	GB/T 51218-2017	机械工业工程设计基本术语标准	2017/1/21	2017/7/1
30	GB 51222-2017	城镇内涝防治技术规范	2017/1/21	2017/7/1
31	GB/T 51223-2017	公共建筑标识系统技术规范	2017/1/21	2017/7/1
32	GB 51174-2017	城镇雨水调蓄工程技术规范	2017/1/21	2017/7/1
33	GB 51221-2017	城镇污水处理厂工程施工规范	2017/1/21	2017/7/1
34	GB 50334-2017	城镇污水处理厂工程质量验收规范	2017/1/21	2017/7/1
35	GB 51214-2017	煤炭工业露天矿边坡工程监测规范	2017/1/21	2017/7/1
36	GB 51220-2017	生活垃圾卫生填埋场封场技术规范	2017/1/21	2017/7/1
37	GB 51215-2017	通信高压直流电源设备工程设计规范	2017/1/21	2017/7/1
38	GB 51219-2017	禽类屠宰与分割车间设计规范	2017/1/21	2017/7/1
39	GB/T 50063-2017	电力装置电测量仪表装置设计规范	2017/1/21	2017/7/1
行标				
1	CJJ/T 91-2017	风景园林基本术语标准	2017/1/10	2017/7/1
2	CJJ/T 261-2017	城市照明合同能源管理技术规程	2017/1/10	2017/7/1
3	CJJ/T 251-2017	城镇给水膜处理技术规程	2017/1/10	2017/7/1
4	CJJ/T 257-2017	住宅专项维修资金管理基础信息数据标准	2017/1/10	2017/7/1
5	CJJ/T 258-2017	住宅专项维修资金管理信息系统技术规范	2017/1/10	2017/7/1
6	JGJ/T 407-2017	住房公积金管理人员职业标准	2017/1/20	2017/7/1
7	CJJ/T 264-2017	生活垃圾渗沥液膜生物反应处理系统技术规程	2017/1/20	2017/7/1
8	CJJ/T 263-2017	动物园管理规范	2017/1/20	2017/7/1
9	CJJ 266-2017	城市轨道交通梯形轨枕轨道工程施工及质量验收规范	2017/1/20	2017/7/1
10	JGJ/T 393-2017	房屋建筑和市政工程项目电子招标投标系统技术标准	2017/1/20	2017/7/1
11	JG/T 516-2017	建筑装饰用彩钢板	2017/1/19	2017/7/1
12	JG/T 125-2017	建筑门窗五金件 合页（铰链）	2017/1/19	2017/7/1
13	JG/T 514-2017	建筑用金属单元门	2017/1/19	2017/7/1

工程监理企业信息技术应用经验
交流会在陕西西安召开

2017 年 7 月 26 日，由中国建设监理协会主办，陕西省建设监理协会协办的工程监理企业信息技术应用经验交流会在陕西西安古都文化大酒店举行。全国各省市建设监理协会、各建设监理分会（专业委员会）组织了 500 余人参加本次大会，会议分别由中国建设监理协会副会长兼秘书长修璐和中国建设监理协会副秘书长温健主持。

本次会议旨在贯彻落实《中共中央 国务院关于进一步加强城市规划建设管理工作的若干意见》和《国务院办公厅关于促进建筑业持续健康发展的意见》及《国务院办公厅关于大力发展装配式建筑的指导意见》，推动 BIM 等现代技术在工程服务和运营维护全过程的集成应用，实现工程建设项目全生命周期数据共享和信息化管理，促进工程监理行业提质增效。

在工程监理企业信息技术应用经验交流会上的发言

中国建设监理协会　王学军

各位领导、各位代表上午好！

今天在西安召开"工程监理企业信息技术应用经验交流会"，有来自全国监理行业的 500 余位代表与会，体现了行业对信息技术应用的高度关注。政协委员、会长郭允冲同志在百忙之中抽出时间出席会议，几位副会长也参加会议，说明协会领导集体对此项工作是非常重视的。2015 年秋季，我们曾在内蒙古呼和浩特市召开过类似的交流会，会上北京诺士诚公司、重庆联盛等 8 家企业分别介绍了他们在信息化管理和 BIM 技术应用方面的经验和做法，对信息技术在监理工作中应用起到了很好的促进作用。本次交流会，收到有关协会推荐的交流稿件 35 篇。今天会上将安排 8 家企业负责同志围绕信息技术在监理工作中的应用进行交流，修璐副会长做专题报告，还特邀华中科技大学土木工程与力学学院副院长、教授骆汉宾做主题演讲。信息技术应用经验交流会的召开，对于贯彻中央城市工作会议和全国住房城乡建设工作会议精神、落实住建部《2016-2020 年建筑业信息化发展纲要》、推动信息技术与工程监理深入融合、提升工程监理服务能力，具有积极引导作用。我代表中国建设监理协会向与会代表表示热烈欢迎，向准备交流材料单位和协办会议的陕西省建设监理协会全体同志表示感谢！

借此机会，我围绕信息技术在监理工作中的应用谈几点个人观点，介绍一些与监理行业发展有关的情况，供大家参考。

一、积极推进信息技术在监理工作中的应用

当今社会已步入信息化时代，就是信息产生价值的时代。互联网、物联网、大数据、云计算、人工智能、移动通信等现代科技的普及和应用，为人们的生活带来了极大的便利，如网购、支付宝、共享交通工具，等等。随着计算机技术、网络技术、多媒体技术及现代通信技术的结合，产生了流媒体技术和音频、视频技术。管理软件、定位技术、视频设备、监理 APP、手机客户端等在生产中被广泛应用，为人们的生产管理提供了科技支撑。信息技术已成为企业重要的资源，正在转化为生产力。工程监理作为一个智力型服务行业，更需要信息技术支撑，企业只有紧跟科技发展步伐，才能在激烈的市场竞争中立于不败之地。可喜的是有一些企业已经树立了以人为本、创新发展、科技先行的观念，实现了信息技术与

工程监理的深入融合。有的研发了管理信息化软件或项目管理软件；有的成立了BIM中心，研究BIM技术在监理和项目管理中的应用；以重庆为代表的四个直辖市在深圳大尚网络公司支持下研发了集管理、检查、诚信评价为一体的管理软件；有的利用视频技术召开远程视频会议，对项目进行视频监控，对施工现场实现全方位监督；有的利用数据库对材料、设备厂家、价格、质量等进行核对；有的利用BIM技术进行项目管理、控制特殊节点、优化管线安装（防碰撞）；有的利用航拍、三维激光扫描技术提高监理科技水平，等等。工程监理的企业信息技术应用，促进了工程监理服务手段、服务方式和服务质量的提升，提高了工程监理行业的整体形象，降低了企业管理成本，保障了工程质量安全。

但是，从总体上看，我们工程监理企业信息技术应用能力还不强，存在着明显不足。如，信息技术应用范围比较窄，多以使用管理软件为主，仅用于资料收集、数字统计、内部管理等，未能充分利用网络优势，实现信息共享和自动传递；工程监理软件开发缺少统筹规划，人员使用信息技术能力不强，现有开发软件普及使用率低；有的监理企业对信息技术应用认知不高，缺乏紧迫感，制约了信息技术的推广应用。

自从2015年将"互联网+"写入政府工作报告以来，"互联网+"已经成为中国经济转型升级的重要驱动力。李克强总理指出，运用信息、网络等现代技术，推动生产、管理和营销模式转变，为我们指出了发展的方向。目前，传统的生产、管理、营销模式正在改变，连外出就餐都在用支付宝或微信支付。面对日新月异的科技普及和发展，监理行业要稳定发展，就要跟上信息化时代发展的步伐。

为进一步提升建筑业信息化水平，住房城乡建设部印发了《2016-2020年建筑业信息化发展纲要》，明确了建筑业信息化发展指导思想，提出了实现企业信息化、行业监管与服务信息化、专项信息技术应用及信息标准化的目标。推进信息

技术在监理行业的应用，运用现代通信、网络技术，发挥"互联网+监理"促进行业发展是时代的要求，也是我们这代监理人的责任。我们要高度重视这项工作，只有不断推进此项工作，才能满足时代对监理企业、市场对监理工作的需要。但同时我们要量力而行，因为此项工作的开展需要人才、资金支持。如上海建科公司搞管理信息化和BIM技术应用就投入2000余万元，有几十人的研发队伍。因此，大型监理企业要在推广信息技术应用方面为行业多作贡献。在这方面，江苏建科监理公司和广州轨道监理公司起到了好的带头作用，江苏建科公司将自己花巨资研发的企业管理信息化软件低价租赁给中小企业使用；广州轨道监理公司将本企业开发的地铁工程管理软件也低价推广给其他地铁监理公司使用。建议大型监理企业开发信息化软件要有所侧重，不要大家都搞大而全的软件，避免重复研发，造成人力、物力的浪费。信息技术应用，要以提高监理工作效率和解决工程质量安全问题为目标，如甘肃省建设监理公司成立BIM中心，专门解决该公司监理的项目管道碰撞问题，通过BIM技术，优化管道设计，较好地解决了碰撞问题。没有研发能力的企业，可以购买或租赁大型监理企业研发的，适合本企业使用的管理软件；购买租赁有困难的企业，可以借用微信平台进行现场管理，企业只需支付数据流量费。有的小型监理企业已经在这么做，现场工作人员将工作中发现的问题用手机拍照，通过微信发到公司微信平台，也达到了公司领导及时掌握现场情况的目的。

BIM技术是将文字和图像提升到三维模型。现在，可视化施工方案，质量、安全、进度可视化管理，在建筑业已开始运用，大、中型监理公司在监理和项目管理中也在运用。现在有的设计院也开始在设计中采用BIM技术进行设计。但设计院设计的建筑模型（BIM），需要优化调整，才能运用于施工中。监理人员不一定要会用BIM技术建模，但监理人员，尤其是总监理工程师一定要熟悉BIM，要知道构建模型（BIM）的流程，才能对设

计模型落实情况进行检查，才能发现问题，并针对问题提出调整设计的意见和建议。在这方面，浙江省建设监理协会做得比较好，今年组织了两期近百人的 BIM 应用培训班。

目前，社会发展对监理信息化和监理科技含量已经有了新的要求，有的地方将使用 BIM 技术作为招标条件之一。企业没有这个能力就会失去市场的准入资格。因此，积极推进建筑信息模型（BIM）在工程监理服务中的应用，不断提高工程监理信息化水平是我们共同努力的目标。

二、与监理行业发展有关的情况

（一）国家重视监理行业的发展

大家知道，国家以法规形式确立了监理制度，在国家大量减少行政审批取消职业资格的背景下，仍然保留了监理工程师资格考试制度和注册行政审批制度，将监理列为工程建设五方责任主体之一，说明了监理在工程建设中的重要性。《中共中央国务院关于进一步加强城市规划建设管理工作若干意见》提出，强化政府对工程建设全过程的质量监管，特别是强化对工程监理的监管，一方面说明部分地区监理市场秩序和部分项目监理人员履职中确实存在这样那样的问题，市场不规范，服务质量不高，建设单位不满意等；另一方面说明工程质量关系公共安全和公众利益，在法制不健全、社会诚信意识不强、国家处在快速建设的时期，要保障工程质量安全，上百万人的监理队伍是一支不可或缺的专业技术力量。

自从中央城市工作会议召开后，落实中央城市工作会议精神，强化对监理监管、发挥监理作用，是住房城乡建设行政主管部门的一项重要工作，也是行业协会指导行业健康发展的良好契机。如何加强对监理的监管？有以下几种情况：一是《建筑业发展"十三五"规划》提出强化建设单位的首要责任和勘察、设计、施工、监理单位的主体责任，严格执行工程质量终身责任书面承诺制、永久性标牌制、质量信息档案等制度。二是行业行政

主管部门正在修订工程监理企业资质管理规定，完善注册监理工程师管理规定。三是制订下发《项目总监质量安全责任六项规定》，并对监理企业注册人员数量进行动态核查。四是出台监理转型升级、创新发展意见。近期印发的《住房城乡建设部关于促进工程监理行业转型升级创新发展的意见》提出逐步形成以市场化为基础、国际化为方向、信息化为支撑的工程监理服务市场体系。形成以主要从事施工现场监理服务的企业为主体，以提供全过程工程咨询服务的综合性企业为骨干，各类工程监理企业分工合理、竞争有序、协调发展的行业布局。培育一批智力密集型、技术复合型、管理集约型的大型工程建设咨询服务企业为主要目标。以推动监理企业依法履行职责、引导监理企业服务主体多元化、创新工程监理服务模式、提高监理企业核心竞争力、优化工程监理市场环境、强化对工程监理的监管等为主要任务。并提出推进建筑信息模型（BIM）在工程监理服务中的应用，不断提高工程监理信息化水平。该意见为监理行业发展规划了前进的方向。

如何发挥监理作用？有以下几种情况：一是年初，国办下发《国务院办公厅关于促进建筑业持续健康发展的意见》，提出"选择部分地区开展监理单位向政府主管部门报告质量监理情况的试点"。这项工作一方面可以强化政府对现场质量安全的监管，另一方面可以增强监理单位的独立性，更好地发挥监理作用。试点地区的试点企业要积极响应，配合政府主管部门做好试点工作，将保障工程质量安全列为监理工作的首要目标。二是今年 3 月，住建部印发"工程质量安全提升行动方案"，并召开了部署会议。为落实此次会议精神，中监协下发了《关于贯彻落实＜工程质量安全提升行动方案＞的通知》，要求强化工程质量监理，落实监理方工程质量安全责任，保障工程质量安全。三是政府通过购买服务，发挥监理在生产安全、质量安全、文明施工、扬尘治理检查中的作用。四是开展全过程工程咨询试点。今年 5 月，住建部下发《关于开展全过程工程咨询试

点工作的通知》，目的是建立全过程工程咨询管理制度，完善工程建设组织模式，培养有国际竞争力的企业，提高全过程工程咨询服务能力和水平。为此，选择了北京等 8 个省（市）和 40 家企业，其中监理企业 16 家，占 40%，开展为期两年的试点。据了解，监理行业 16 家试点企业分别制定了试点方案。希望试点企业积极配合政府主管部门完成好试点任务，及时总结经验，引领行业尤其是有能力的监理企业开展全过程工程咨询服务。监理人员综合素质应当高于施工和一般工程设计人员，因此监理企业必将成为项目全过程咨询的主力军。

（二）行业发展情况

据统计，截止 2016 年底全国共有监理企业 7483 家，其中综合资质企业、甲级资质企业、乙级资质企业分别增加 17.32%、4%、0.3%，丙级资质企业和事务所资质企业分别减少了 9% 和 44%；监理从业人员突破 100 万人，专业技术人员、注册执业人员、注册监理工程师分别比上年增加 3.6%、13.58% 和 1.32%。承揽合同额 3000 余亿元，比上年增长 8.36%；营业收入 2600 余亿元，比上年增长 8.92%。从营业收入看，18 家企业突破 3 亿元，44 家企业超过 2 亿元，155 家企业超过 1 亿元。从统计情况看，无论是企业个数、人员数量、合同额、营业收入均有较好的增长速度。说明监理行业仍处在改革发展时期。

（三）国家建设有关投资情况

政府工作报告载明，积极扩大有效投资。引导资金更多投向补短板、调结构、促创新、惠民生的领域。今年完成铁路投资 8000 亿元以上、公路投资 1.65 万亿元，再开工 20 项重大水利工程，建设水电核电、特高压输电、智能电网、油气管网、城市轨道交通等重大项目。中央预算内投资安排 5000 亿元。落实和完善促进民间投资的政策措施，深化政府和社会资本合作。新建改建农村公路 20 万公里，棚户区住房改造 600 万套。完成 3 万个行政村通光纤。同时，国家大力推行 PPP 投资模式，逐渐形成了巨大市场规模，如山西交通监理公司联合交通设计院投中了青海一个 PPP 投资 70 余亿元公路项目。从财政部 PPP 项目统计看，截至今年 3 月，全国入库 PPP 项目 12287 个，总投资额 14.6 万亿元；已签约落地 1729 个，投资额 2.9 万亿元。国家示范工程 700 个，累计投资额 1.7 万亿元，已签约落地 464 个，投资额 1.19 万亿元。近期发改委又公布了一批 PPP 市政工程项目。

总之，国家对监理行业的发展是重视的，监理行业处在改革发展时期，国家处在快速建设时期，PPP 项目增速较快，保障工程质量安全监理任务很重。

工程监理制度作为我国工程建设四项制度之一，经过近 30 年的发展，已形成一套比较完整、成熟的监理模式。监理队伍在国家建设保障工程质量安全方面发挥了不可替代的作用，取得的成果是有目共睹的。监理属咨询服务行业，市场需要就是我们的选择。在这方面，上海现代公司带了个好头，根据市场需要不断开拓业务范围。

随着我国工程建设组织方式的转变和构筑物建造方式的改变，监理行业会遇到一些困难。监理企业要克服困难尽快适应这种变化，探索建筑师主导、工程总承包、装配式建筑、全过程工程咨询等新形势下的模式。研究如何履行监理职责和开展服务。目前，有能力的监理企业正逐步从传统的施工阶段监理向全过程工程咨询服务和项目管理方向发展。其余监理企业应以施工阶段监理为基础，创造自己的监理品牌，发挥自身优势，根据市场需要拓展服务范围，谋求更大的发展空间。同志们，让我们坚定信心，共同努力促进行业健康发展，积极推进信息技术与监理融合，用监理人的智慧，去创造行业美好的明天！

谢谢大家。

发言摘要

编者按

  在西安召开的工程监理企业信息技术应用经验交流会上，中国建设监理协会副会长兼秘书长修璐作"工程建设组织模式调整及监理企业发展面临的新问题"专题报告，特邀华中科技大学土木工程与力学学院副院长骆汉宾作主题演讲，陕西中建西北工程监理有限责任公司总经理申长均等8家企业负责人围绕信息技术在监理工作中的应用在会上交流。

工程建设组织模式调整及监理企业发展面临的新问题

中国建设监理协会　修璐

  在国家经济发展进入新常态，深化行政管理体制改革不断深化，市场需求多样化、高端化、集成化和国际化发展趋势大背景下，国办发2017第19号文件《国务院办公厅关于促进建筑业持续健康发展的意见》和住建部建市2017第145号文件《住房城乡建设部关于促进工程监理行业转型升级创新发展的意见》出台。建设监理政策出现了怎样的变化、做出了哪些调整，是业内人士非常关注的问题。

  修璐同志结合当前政策变化，分析了工程建设组织模式的调整方向。从优化工程监理市场管理环境、强化对工程质量和监理的监管、落实"一带一路"走出去发展战略、推进工程咨询行业现代化建设等四个方面分析了监理企业未来发展可能面临的新问题，指出未来监理企业类型结构一定是多领域（专业）、多层次、各具核心竞争能力及特色、综合与专业相结合、资源能力互补的多元化模式，形成以主要从事施工现场监理服务的企业为主体，以提供全过程工程咨询服务的综合性企业为骨干，各类工程监理企业分工合理、竞争有序、协调发展的企业类型结构。

土木工程建造管理思维

华中科技大学 骆汉宾

  华中科技大学土木工程与力学学院副院长骆汉宾教授首先分析了工程建设行业面临的挑战，如安全事故多、工人流动性大且技能不足、

规范繁杂、信息沟通效率不高等诸多问题。指出现有的碎片化、粗放式工程建造方式造成工程建造行业问题突出，应该向集成化、精细化技术密集型生产方式转型升级，实施数字建造战略，推动信息化与工业化在工程建造领域的并行与融合，实现工程建造安全、高效、可持续发展。提出先试后建、现场操作有后台指导、现场监管变后台监管、减法建造变加法建造等四点建造管理新思维。

项目协同服务系统助理项目管理

陕西中建西北工程监理有限责任公司　申长均

项目协同服务系统 PCSS(Project Coordination Service System) 基于项目协同服务理论，是结合我国现行建设工程管理体制，以项目建造全过程为研究对象，以项目现场为中心，以参建单位个人履职和参建组织履行合同约定的服务义务为基础；以现场信息为纽带，以项目存在问题为导向，建设单位主导作用明确，参建单位协同工作，互促效应、协同效应和自组织效应明显，组织和跨组织内外部沟通、协调通畅，参建方共赢的跨组织协作系统，是将项目协同服务理论应用于项目建设的具体实践。

陕西中建西北工程监理有限责任公司申长均介绍了项目协同服务系统的组成。明确了项目协同服务系统要构建协同型项目组织，通过项目各方工作，发挥协同型组织的互促、主导、协同、自组织效应，形成参建方多方共赢的项目建设局面。提出建设单位管理有序和工程进度计划的动态调整是项目协同服务系统的序参量，构建项目协同服务系统要以问题为导向，各参建单位领导重视全面介入、持续更新的信息流是项目协同服务系统有效运行的保障。

广州轨道交通监理公司的信息化之路——盾构施工监控信息管理系统应用分享

广州轨道交通建设监理有限公司　黄威然

广州轨道交通建设监理有限公司黄威然通过介绍公司的简要情况、信息化建设目标、信息化建设原则以及信息化建设走过的三个阶段向与会代表展示了公司的信息化建设之路。并以公司研发的复合地层盾构施工远程监控预警与大数据分析平台的应用为例，介绍了该平台建设背景及原因、建设技术支持、公司具备优势、平台功能概述与应用推广情况，分享了公司在信息化建设中取得的成效。提出信息化建设应该增加科研投入，继续研究开发盾构掘进数据大数据智能分析模块，实现盾构一体化平台进一步完善和推广；拓展开发 BIM 系统，研究开发运营管理模块，创建工程全生命周期管理平台；持续进行办公信息系统优化，简化操作，覆盖各业务专业，提升应用价值；全面推进中国隧道网及人才网的建设及经营拓展，提高企业知名度和行业影响力。

信息化技术在装配式建筑中的应用

山东省建设监理咨询有限公司　陈文

2017 年初国家发出了推广智能和装配式建筑的要求，提出坚持标准化设计、工厂化生产、装配化施工、一体化装修、信息化管理、智能化应用的建造创新方式，同时提出了信息化技术如 BIM 技术、物联网技术以及工程管理 APP 技术等在工程管理中的应用，为项目方案优化和科学决策提供依据，促进建筑业提质增效。

山东省建设监理咨询有限公司陈文以在济南市第一个装配整体式建筑的工程监理工作为例，介绍公司从全过程工程咨询角度入手，自设计阶段开始采用 BIM 技术配合设计单位完成构件的拆分设计，在生产阶段引入了物联网技术实现了产品质量的可追溯，在施工阶段运用 BIM 技术模拟现场布置和塔吊选型，在关键节点的验收采用了 BIM 技术的预构建交底，在整个监理过程中采用了监理日志 APP、安全巡视 APP、材料报验 APP、持牌验收 APP 等技术，针对施工单位灌浆作业引入工匠云技术的经验。

甘肃省建设监理公司信息技术应用成果

甘肃省建设监理公司　魏和中

为提高公司服务水平，增强企业核心竞争力，促进甘肃省建筑业信息化管理水平的提高，甘肃省建设监理公司 2015 年成立了甘肃省第一家专门从事 BIM 技术应用和推广的机构——甘肃省建筑工程数字化（BIM）中心。

甘肃省建设监理公司魏和中向大家分享了公司近年来的科技创新成果，如"信息化管理系统"实现企业行政办公、现场监理工作的一键式管理，简化各部门工作流程；"现场检查验收系统"彻底改变了监

理阶段的传统模式，快速实现标准化验收流程，避免了工作失误，降低了工作量，提高工作效率；"无人机航测地面站技术"通过无人机航拍技术进行原有地质地貌的信息储存，实现了土方工程量统计；"铁路机车车辆 BIM 仿真模拟培训考评系统"利用 BIM 技术模拟驾驶、维修，开发机车车辆仿真模拟培训考评系统，提高培训质量。

初探数字扫描建模逆向工程技术在施工监理中的应用

河南建基工程管理有限公司　黄春晓

随着建设单位对监理工作要求的日益剧增，监理企业如何创新驱动、转型升级、积极参与市场竞争提高监理企业的生存能力和核心竞争力，迫在眉睫。数字扫描建模逆向工程技术，为咨询服务企业利用 BIM 技术，全面提升监理企业管理水平、提高项目管理效率提供了一个良好技术思路。

河南建基工程管理有限公司黄春晓介绍了数字扫描建模逆向工程技术在南阳市"三馆一院"项目监理过程中的应用，该项目采用三维激光扫描技术，对建筑实体目标进行地面数字扫描，生成高精度、高密度的三维彩色点云模型，在 Geomagic Qualify 环境下，对基坑土方工程进行了工程量计量分析；在 Geomagic Control 环境下，生成了主体结构、钢结构、设备安装等工程点云工程数据，通过逆向工程在 Revit 中使用 PointSense for Revit 建立的逆向 BIM 数字模型与虚拟设计 BIM 模型进行了三维数字偏差、三维进度偏差对比分析；利用数字扫描建模逆向工程对该项目的隐蔽工程和竣工资料进行了三维数字化存档等监理工作。

科技创新　塑造新未来

浙江五洲工程项目管理有限公司　瞿龙

"五化"并举、"两化"融合是当前我国社会、经济发展的重大战略选择，不论对社会进步的推动、行业的发展，还是对信息化建设，都是一个难得的历史机遇，大数据、云计算、云存储、移动计算技术相互融合，极大解放建筑服务业信息化生产力。

浙江五洲工程项目管理有限公司瞿龙指出目前工程建设行业涉及专业的标准、规范、图集等达到近千项，全面掌握标准并合理应用是工程监理的难点，在传统的管理中，容易造成人为的信息漏洞，影响监理作业的标准性、及时性，为此，五洲公司研发了"五洲管理施工原材料验收系统、五洲管理施工用电管理系统"等专业 APP 软件，并以中国人寿大厦项目为例，展示了移动互联网应用成效，极大降低了现场作业人员对规范的熟悉要求，提高了管理效率，实现了工作的自动推送，体现了项目信息化管理的优势。

信息资源智能化管理探索应用

山西锦通工程项目管理咨询有限公司　张学军

以云计算、大数据、物联网、移动互联网、人工智能、BIM 等为代表的信息技术飞速发展，驱动着整个工程建设行业转型升级，而大数据是驱动项目管理转型升级的关键支撑。

山西锦通工程项目管理咨询有限公司张学军介绍了公司信息数据处理系统开发的总体情况，并以晋中 1000kV 变电站新建工程信息处理为例对工程影像资料管理平台、协同办公管理平台、质量数据处理平台、文件信息处理管理平台、工程施工量与支付分析平台、客户交流服务平台等信息平台应用情况进行了介绍。通过建立智能化信息管理系统，对信息资源统一规划，将碎片化信息有效整合，发挥信息"大数据"应有价值，推动管理工作向数字化、精准化迈进。

基于 BIM 的建设项目全过程监理（咨询）服务

河南方大建设工程管理股份有限公司　回忠伦

BIM 技术作为当前建筑业的一场革命，对工程建设的各个参与方都会带来巨大的影响，同时也带来了新的机遇和挑战。住建部颁布的《2016~2020 年建筑业信息化发展纲要》，其中明确提出"十三五"期间，全面提高建筑业信息化水平，着力增强 BIM、大数据、智能化、物联网等信息技术集成应用能力。

河南方大建设工程管理股份有限公司回忠伦从质量控制、进度控制、投资控制、职业健康安全与环境管理、信息合同管理和建筑工程各方协调、运营管理等六个方面分析了 BIM 在监理行业中的应用价值，以利丰国际大厦为例展示了 BIM 在监理工作中的实际应用，指出 BIM 技术可以帮助监理人员对建筑工程建设中的质量进行控制和管理，对工程建设的施工进度、工程建设中的成本进行有效的管理，为建筑工程中各参与方之间的协调起到很大的帮助作用。

对现阶段一些监理现象的剖析

太原理工大成工程有限公司　高春勇

摘　要：针对现阶段监理工作中出现的一些新情况、新问题，结合事例进行深入探讨、剖析，力求找到解决问题的办法并获得突破。

关键词：监理人才梯队建设　监理额外工作　旁站

我国的监理制度从 1988 年开始试点，1996 年在建设领域全面推行，到新世纪的今天，监理行业已经经历了从无到有、从弱到强、从理论到实践二十余年的积累和发展。进入 21 世纪后，特别是最近几年，国家各级行政主管部门又赋予了监理这个行业更多的责任和义务，包括监理行业的直接服务对象——建设单位也对监理行业所能提供的服务产品提出了新的、更高的要求。抛开目前监理行业发展存在的种种积弊，监理行业的所有从业人员该如何面对这些新要求、新挑战，直接

考验着每一个监理人的智慧。

一、监理企业人才队伍建设刻不容缓，年轻化转型势在必行

不得不承认，目前监理行业的人才队伍存在青黄不接、人才外流、专业水准下降、滥竽充数且老龄化严重等状况。相比数十年前，一些老专家、老教授活跃在监理一线的情景，现在已难觅踪影。数十年前，项目监理机构人才济济、群心振奋的情形与现在大多数项目监理机构里呈现出来的形单影只、茕茕孑立形成了鲜明的比照。导致这种反差的原因很多，而且也有很多业内人士就此发表过诸多论述作了很深入的剖析。笔者在此不想重复赘述，只想表达一个观点，那就是监理企业人才队伍

的年轻化转型势在必行，梯队建设刻不容缓。

近几年笔者接触到的诸多建设单位（业主），反映和诉求最多的就是希望项目监理机构人员能够年轻一点。以往靠经验、靠资历就能在监理行业做得风生水起、游刃有余的现象，现在已经不再是建设单位所看重的了。究其原因，一是随着监理市场的竞争日趋激烈，监理取费已经完全市场化，较低的监理费用使得大多数监理企业，为了生存，无法聘请到真正的建设领域的专家、业务精英来为建设单位提供优质的监理服务。与其用没有扎实专业功底的人来解决建设单位之所急，反不如建设单位去要求监理人员年轻一点来得更实际一些，因为这样做最起码会有人力去保证各项建设指令的跟踪和落实。二是随着建筑市场开发

速度、开发体量的迅速攀升，这些大体量的建设工程，必然需要监理人员要有相当的体力作为完成监理工作的可靠保证。因此，这也成为建设单位越来越看重、越来越需要年轻监理人的一个重要因素。

监理企业人才队伍的年轻化是市场的需求，也是监理企业不断向前发展的一次契机。年轻化转型步伐在近几年中虽已起步，但年轻化转型绝不是一蹴而就，也不是一朝一夕能够完成的。年轻化不是行业向前发展的噱头，而是切切实实促进行业不断向前的抓手。在年轻化转型过程中，不能只一味追求监理队伍的年轻化，而忽视对年轻监理人的培养和锤炼；也不能只强调队伍年轻化，而不顾及监理人才队伍的梯队建设，如果抛弃了"传帮带"，监理队伍必然会走好多弯路，一些积淀的、成熟的经验做法将得不到有效发扬。

做好监理人才队伍年轻化转型，监理企业的管理层至少应从以下几个方面入手。

企业要为年轻监理人员提供并营造良好的学习、提升环境，培养和关怀并重。同时要做好正确引导，使他们能够认识到监理行业发展的趋势，明确自身的发展定位，看到自身发展的前途，使他们愿意留下来，和所有监理人一起为行业发展加油助力。

管理层应加大对年轻人的培训和选拔力度，通过组织专业技术考试、关键岗位试用等多种选拔手段，择优安排，鼓励和帮助年轻先进个人勇挑重担，让年轻人在实践中锻炼，在挫折中成长。

在待遇方面，企业要适当向年轻人倾斜，缩小收入差距，解决好他们的后顾之忧，使他们能够安心于本职工作。

加大对优秀高校毕业生的吸引力度，为他们提供就业发展的平台，鼓励创新，为监理企业乃至行业的发展和推动提供不竭动力。

二、如何应对强加在监理工程师身上的"额外工作"

面对依旧强势的建设单位（业主），监理企业要想从庞大的建设资金中分得较少量的一杯羹，从一开始就注定其必然处于弱势地位。在监理委托合同谈判阶段，监理企业更是只能被动的接纳、确认，本应由监理履行的大多数权利尽收至建设单位名下，而各种监理责任、义务却被无限放大，甚至变本加厉，形成权利与责任的不对等怪象。于是，监理行业就有了"监理工程师权利越来越小、责任却越来越大"等这样太多无奈的叹息。

例如在最近几年，某大型的房地产开发商企业，力推在建筑工程上的"实测实量"，在取得一定效果之后，其他一些房地产企业也纷纷效仿，把"实测实量"当成是工程建设的制胜法宝。在一些监理合同中，开发商明确要求项目监理机构要对检验批的验收做到全覆盖，即完成对检验批100%的实测实量检查。建设单位认为，只有这样，才有可能保证工程合格率达到90%或者更高，否则，如果监理人员按照相关质量验收规范的规定，只对待检工程做10%或相当比率数量的实测实量抽查，不足以保证或确认施工方交付的检验批满足或能达到90%合格率的要求。显然，这样做的结果导致在监理工程师正常的工作量之外，又增加了质量验收规范规定以外的检查验收工作。于是，监理工程师无奈、被动但又十分"称职"地扮演了一把施工方质检员的角色，重复地做了一次全方位的"自检"工作。

再比如有些施工现场，建设单位甚至可以直接指派和要求监理工程师，对施工场区的清扫、扬尘防治等进行旁站监督，诸如此类，不一而足。总而言之，施工现场的大小事情，只要没人管，都会自然而然地成为监理工程师的代管范围。这些强加在监理工程师身上的额外工作，在当前监理行业监理取费持续走低的大背景下，无疑增加了本身人员就捉襟见肘的项目监理机构的工作负担，导致监理工程师的工作舍本逐末，本应投入较大工作精力的控制环节，反而由于监理工程师受事无巨细所累而精力分散，起不到应有的把控作用。这值得所有的监理行业人士进行深思。笔者认为，要改变这一现状，监理行业的所有从业者，从上到下，应从以下几个方面共同努力。

监理行业协会应积极参与监理行业的顶层设计，积极参与标准、法律法规的制定、筹划，切实维护好监理企业的利益，明确监理作为工程建设参建主体之一所应承担的监理责任、社会责任和法律责任。同时，要做好监理行业的发展状况调研，为监理行业的变革发展做好理论研究准备和实践积累。

监理企业要以市场需求为导向，坚守发展底线，避免互相倾轧、恶性竞争，共同维护行业整体利益，做到有序竞争、相互促进，最终实现共同提高。监理行业的健康发展有利于监理行业整体地位和服务水平的提升，也必将有助于增加监理企业在面对建设单位时的谈判话语权，有勇气来拒绝强加于监理企业的诸多不公。

监理工程师应强化自身定位，明确职责，敢于担当。同时，要精求业务，博采众长，挖掘专业深度，提高专业水平，努力回归监理高智能企业员工本色。不可否认，纷繁琐碎的额外工作缠身，与监理人员专业素质得不到建设单位的高度认可不无关系。

三、绕不开的监理话题——旁站

"旁站监理"在诸多的政府部门通知文件中被提及，对监理企业、项目监理机构的职责要求，大多数情况均会以"旁站"作为监理的定语以作强调。这种现象也经常出现在众多建设单位的一些领导口中，每逢提到对监理的要求，必然会出现"监理要旁站好，给我们把关"之类的近乎口头禅式的标志性总结。"旁站"作为监理实施控制工作的手段之一，在经历了监理行业二十余年的发展之后，已经被无限放大，甚至成为监理的代名词，一些人认为，建设单位花钱请监理单位，目的就是要让项目监理机构做好旁站，只要旁站到位，所有的一切都不是问题，而且也不乏随意要求项目监理机构增加旁站工作内容的情况。在一些施工现场，甚至出现过甲方代表专门不定时地盯、抓监理人员是否"站"在施工现场等可笑且又令人气愤的事情。

因此，正确理解"旁站"，在日常监理工作中正确引导和践行"旁站"，是所有监理从业者的一项使命。总之，要让"旁站"真正成为一种监理控制手段，而不是成为束缚监理工作正常开展的桎梏。

关于"旁站"的概念，在《建设工程监理规范》GB/T 50319-2013（以下简称《规范》）中这样定义，即"项目监理机构对工程的关键部位或关键工序的施工质量进行的监督活动"。从字面上看，可以理解为：（一）工程上需要旁站的范围是指工程上的"关键部位或关键工序"，而这些关键部位或关键工序，是关系到主体结构安全、完工后无法检测其质量或返工会造成较大损失的部位及施工过程。（二）旁站是一种"监督活动"，是对关键部位、关键工序施工全过程包含影响施工质量形成的"人、机、料、法、环"等诸多要素的监督，而不是一些人想当然地把"站"任意放大的行为。《规范》中也明确规定，需要实施旁站的部位和工序，是由项目监理机构根据工程特点、施工组织设计自主确定的。当然，在自主确定关键部位和关键工序时，也不能漠视相关建设主管部门出台的一些旁站规定和文件要求。综合以上对规范的理解，基本上可以归结为：需要旁站的部位、工序应由项目监理机构确定，外部因素不应占据确定旁站部位、工序的主导地位；旁站是一项质量监理监督活动，绝不是仅仅靠"站"就能完成的控制手段。

另外，随着社会进步，建设领域新情况、新问题层出不穷，为此，国家赋予了监理企业更多的使命和责任。尤其是最近几年，工程建设安全事故频发，监理安全管理的责任就显得更加重大，政府安全主管部门和建设单位也相继对监理企业和项目监理机构的安全管理工作提出了新的要求。于是，安全管理中的"旁站"再一次成为各方的关注焦点。有些文件内容要求，项目监理机构应对危险性较大的分部分项工程进行旁

站监理，甚至还提出对塔吊顶升、塔身附着、外爬架提升等项目要进行旁站监理的要求。对此，部分监理行业的从业者认为，《规范》中对于"旁站"的定义，仅限于对工程质量的控制范畴，且《规范》在"安全生产管理的监理工作"一节中，也未对旁站提出具体要求，况且，对于诸如专业性很强的大型机械安全操作，监理工程师本身就处于知识盲区，不可能通过旁"站"就能彻底起到安全管理的作用。另外，还有人认为，当前项目监理机构已经承担了足够多的安全监管责任，在遇到这些情况时，应懂得拒绝。

鉴于此，笔者认为，监理企业及员工的安全利益需要维护，监理行业协会应该有更大的作为。项目监理机构在安全管理工作中，什么应该做、什么不应该做，在现有的一些法律、法规、规范的具体条文的规定上还显得有些太过笼统，这在一定程度上，助长了一些职能部门在出台一些文件、通知要求时的随意性，在对一些具体工作的要求上，言必提监理，提监理必提旁站，使监理人员无所适从。因此，监理行业协会应在监理安全管理领域内，倡导制定监理安全管理实施标准，甚至可以将此标准提高到法规、政府规章层面，使监理行业的众多从业者，做到心中有数，安全履职。同时，作为监理行业的从业者，也要以实际行动，对"旁站不是监理的全部"做好正确宣导，对监理所应承担的旁站职责，也不能一味开脱责任，而是要切实为工程的建设负起监理应尽的责任。

参考文献：

《建设工程监理规范》GB/T 50319-2013

建筑工程电气监理常见问题及要点分析

华春建设工程项目管理有限责任公司　李光辉　胡天坤

本人从事监理工作十年以上，其中主要工作是建筑工程电气专业监理，累计监理项目有数百项，在工作过程中针对一些常见安全问题、质量问题总结了其发生的时间段及采取何种措施比较有控制效果的经验。当然整体监理的工作依据、工作内容相关规范、条文已经有明确规定，在此文中通用部分不再展开叙述，主要从工作经验方面与大家进行交流，因此系统性方面不做过多考虑。

一、开工准备阶段

（一）对重点项目要熟悉设计图纸，在图纸会审前将问题提出，整理出来。对图纸的问题发现首先要从实际工作中积累经验，哪些做法好、哪些使用中会出问题，要注意总结；同时熟悉相关电气方面设计规范、材料及设备性能等。这种经验累积是一个长期发展的过程，可经常学习《建筑电气》这样的专业杂志。比如对某些公共建筑如幼儿园、学校、医院等的食堂，因为就餐人数多，其相应灶具用电功率相对一般民建大很多，同时许多为三相电，因此对图纸中的设计不合理的要提前指出。对这种工程本人一般都是在图纸会审中提出，然后联系建设单位尽快组织厨房部分招标工作，以确定设备的具体参数和精确放置位置，同时对其图纸在设计方审核的基础上再进行以下方面优化：

1. 对于有吊顶的尽量顶棚走线，这样可避免渗漏后对线路的不良影响；同时后期防水层损坏的维修也方便。

2. 对于有备用电源的工程，对厨房也尽量采用备用电源供电，因为相关设计规范对该部分负荷等级多为三级，因此设计中均按一般负荷供电；结合使用情况，如果停电对相关建筑的使用功能将大受影响。而有效利用已经设置的备用电源增加的成本相对功能来说很小，将会有效提高该工程的价值。

3. 尽量减少大功率设备直接采用插座连接，以避免插头处接触松动造成的打火等现象。

经过以上步骤的控制，一方面确实使工程的价值得到了提高，避免了后期的返工和使用不便；另一面也使监理服务得到了建设方的认可。

（二）关于施工现场安全：主要工作是对存在较大安全隐患的及时发现，并配合监理部处理。首先经常检查现场电工的持证上岗情况，对不能在现场的及时整改。同时对施工方各种配电设备及现场布置情况进行检查，有问题的及时指出问题并将处理方法告知对方；某些现场人员不清楚的可画出相应图纸或写出具体参数等；同时要配合现场监理、

总监对较大的安全隐患跟踪落实其整改情况。对于安全方面，有些检查人员未对施工人员明确指出，发的监理通知也基本是"不符合《施工现场临时用电安全技术规范》（JGJ 46-2005）要求"等内容，往往是反复整改但许多问题并未处理，反而影响了工程进度和双方关系。本人对这些问题一般是在施工现场给相关人员交代清楚，具体有几条需要整改、如何整改后才算合格等；对配电箱设置不合格的给其画出系统图、列出元件参数，这样可以使对方很快整改到位。

二、基础及主体施工阶段

（一）对进场材料及时验收，如钢管壁厚、PVC管性能等；检查钢管连接及布置情况，材料验收合格后及时进行防腐处理。因为从市场实际看各种管材质量参差不齐，壁厚偏差太大，如果使不合格材料应用到工程中去，在某些腐蚀性土壤中穿线管将会很快损坏，线路运行安全、使用寿命将大受影响。

（二）对施工过程中管线预埋、配电箱设置等检查布置位置是否符合要求，最好控制好位置、标高，做到统一、规范。对后砌墙的埋设要带线操作（使标高误差符合要求），相似位置、功能的元件距门边距离、相应墙的距离要统一。因设计图

纸中一般对相关电气元件只在相对建筑图上进行了标注，对其具体位置未确定，如果施工中按图纸随意留置，其尺寸偏差将会很大，同时可能与其他专业相冲突，影响后期的使用功能。因此应在施工前组织相关人员将相应元件进行定位，将尺寸标注在图纸上，在预埋阶段按照这个进行验收，这样既可起到事前控制的作用，同时又使验收工作有据可依。

（三）施工中检查临时用设备接线是否规范，对不规范行为及时提醒更正。主要检查所用电缆芯数能否满足 TN-S 系统要求，保护零线是否连接到位。

三、装饰、装修及竣工验收阶段

（一）电线电缆

着重控制好电线电缆质量，防止不合格材料用到工程中去。主要"事前控制"措施：

1. 提前与建设方、施工方相关人员沟通，讲明市场中不合格材料的一些常见问题及其使用的危害、后果；使大家引起重视，达成共识。

2. 对集中的小区、同一个公司可采取统一购买同一个品牌的方式；从管理角度看，方便了质量控制，降低了采购成本，同时见证送检的批次减少，节约了成本。

3. 作业过程中及时检查导线是否与材料进场验收时一致，对存在问题的可采取见证送检方式。

4. 同时高层建筑、公用建筑因为消防设备较多，以致导线涉及型号多，要对照设计文件分别检查；按照设计型号进行采购，避免混用造成的返工损失等。

（二）配电箱、桥架、开关及插座等

对配电箱要熟悉设计所选择元件的性能，做到所用元件参数符合设计要求。同时施工方不采用设计所列元件，要事前向建设方、施工方说明，确定要使用什么元件，因为不同厂家、不同型号元件价格差别较大。对锅炉房、水泵房等有变频器的也要确定元件厂家。有"CCC"认证要求的要通过网络查询证书有效性、真伪，并与实际产品包装、标识进行对比。

对桥架要检查其壁厚情况，尺寸偏差要与规范、检验报告一致。对设计中有防火涂料等要求的要对照检查。

对开关插座检查要通过网络查询证书有效性、真伪，同时进行外观检查。对装修标准高的，与建设方、施工方提前沟通，确定使用哪个档次产品。同时检查其额定电流、防水盒、安全挡板等细节方面是否符合设计要求。

（三）临时用电方面

因装修阶段用电设备、施工队伍多，使用分散，因此要加强移动箱、所用电缆使用情况的检查，对存在问题及时指出、更正。同时对分包队伍可建议总包方统一管理，要求分包单位采取自配开关箱，从总包的分箱接电的方式，这样一方面可满足规范要求，同时便于双方责任划分、方便管理。

（四）工序验收、竣工预验收

按照各检验批合理确定中间检查点、验收点，不能单纯按照检验批，要按施工工艺、工序确定验收点。在每项工程开始前与施工方共同确定工序验收点，例如对电线、电缆敷设检验批，要求施工方按照检验批划分计划施工，在灯具、开关插座线头连接后作为一个中间检查点，线路接头第一道处理工序、第二道处理工序分别设置检查点，对容易出问题的地方要提前告知施工人员，对巡视中出现问题要指出如何整改，同时与监理部及时配合促进问题解决。经过以上处理可对工程质量全过程进行有效管控。

（五）监理内业方面

对每个片区监理巡视登记表，记录临电方案审批情况、主要材料验收情况、巡视日期、问题处理情况。对平时巡视工作按要求做好巡视记录，对存在主要问题，要有监理通知、联系单等书面资料，对重要的问题要做好拍照、视频（作为证据保留，并可为以后工作提供相应素材）。

四、总结

总之，监理工作不仅社会责任重大，同时质量终身责任制、安全生产管理的监理责任也不断加强，近些年又是我国建设行业飞速发展的阶段，其中工程数量、规模均很大，相应的专业技能的从业工人、管理人员又相对不足，因此加大了工程监理工作的难度。《建设工程监理规范》（GB/T 50319-2013）和相关条例只是从大的方面对监理工作作了指导，要做好具体工作还需要从业人员拓展自身知识面，比如：熟悉设计知识、管理知识、市场情况、掌握施工过程及工艺要点，只有这样才能有效为监理相关目标的实现保驾护航，才能更好体现出监理的作用及价值。以上是本人工作中的一些经验总结，如有不妥之处，希望同行和相关专业人士及时指正。

参考资料：

[1] 张敏.探究建筑电气系统障碍的诊断方法[J].居业，2016（07）.

[2] 郑艳妮.建筑电气节能减排措施及光伏新能源的应用探究[J].山东工业技术，2016（18）.

[3] 袁铁清.如何做好建筑工程电气施工监理工作[J].建材技术与应用，2009（04）.

"互联网+移动安监智能管理系统"在水利水电建设工程安全管理工作中的应用

中国水利水电建设工程咨询北京有限公司　姚宝永　王海东

近年来,随着互联网技术在我国的快速发展,就如何利用互联网平台和信息通信技术,加快推动互联网的创新成果与各行各业进行深度融合和创新发展,充分发挥"互联网+"对促改革、防风险的作用,2015年7月4日,国务院印发了《国务院关于积极推进"互联网+"行动的指导意见》,对积极推进"互联网+"行动,推动技术进步、提升效率和创新力,提出了指导意见。

在水利水电工程建设中,由于施工现场地处偏僻、环境复杂、信息传递缓慢,不能及时、动态地处理应急事件,不利于施工现场的安全管理工作。为能够实现提前预警、现场实时移动管理,更有效地减少违章作业的发生,保证工程施工安全,"互联网+移动安监智能化管理系统"的推广与应用显得愈发迫切和必要。

鼓励水利水电工程建设等各行各业树立互联网思维,积极与"互联网+"相结合,具有广阔的发展前景和无限潜力,已成为不可阻挡的时代潮流。推广应用"互联网+移动安监智能化管理系统"有利于促进互联网应用创新、激发创新活力,对提升安全管理科技化、精细化水平,加快推进安全生产标准化体系建设具有重要意义。

一、建设的目的

(一)实现"互联网+移动安监智能化管理系统"移动管理相关功能,实现安全检查、亮点推广、违章曝光、班前教育、安全交底等功能在移动安监智能管理系统上运行,提高安监现场工作管理水平。

(二)让管理人员可以突破时空限制,随时随地按照不同的违章事件和存在的安全隐患类型,标准化地录入现场数据,包括视频、音频、图片、表单信息,并通过网络同步数据到服务端的系统之中,提高建设、监理和施工单位管理人员现场安监工作的办公效率。

(三)充分利用移动设备操作便利性,方便各单位之间信息实时互通,促使安全检查下达整改通知到检查验收的闭环管理流程更加顺畅快捷,提升建设、监理、施工单位跨单位和部门协同办公的能力。

(四)无论是在办公区域还是施工现场,可随时查阅各参建单位人员信息(包括职务、工种、培训教育、持证情况等)、施工设备信息(包括施工设备型号、编号、是否进场、是否为特种设备等)、安全制度、法律法规和安全专项施工方案等内容。

(五)通过系统移动端将各参建单位的安全管理亮点和创新点及时进行表扬和推广,提升安全文明施工整体管理水平。

二、系统架构

(一)体系架构

1.系统的使用单位主要是建设单位、监理单位和施工单位,使用人员包括各单位的主要领导、部门负责人、基层管理人员。使用人员可以通过移动客户端或者电脑浏览器登录认证管理系统,通过丰富的业务应用功能实现移动安全监管的工作内容。

2.数据的管理操作,支持基础数据和汇总数据的管理,并为应用层系统提供数据访问接口,使用ORM(Object Relational Mapping)技术对数据进行对象化操作。通过网络接受感知终端传输的数据内容,并对数据进行录入、抽取、转换、加载和校验的操作。

(二)网络架构

使用智能手机终端和电脑终端接入无线局域网,根据不同的工作任务需求,分别访问应用(Web)服务和移动应用服务,通过应用服务器和后端的数据服务器进行数据交换,最终将数据安全地返回给使用人员。

(三)系统部署

为了保障机房和网络始终处在良好

运行状态，建设单位与运营经验丰富的服务商签订了管理协议，管理平台的网络和服务器，使其更安全、稳定、高效地运行。网络设备（服务器、交换机等）放在提供专业服务的机房中，享受高品质的带宽、增值服务和各方面监控服务。

三、软件系统构造技术

（一）采用多层 B/S 结构

1. 为充分保证系统在安全性、跨平台性、易扩展性、易维护性等方面的要求，系统采用了先进的基于 Java 平台的三层应用体系结构。在这种结构下，用户界面通过 WWW 浏览器实现，一部分事务逻辑在前端实现，但是主要事务逻辑在服务器端实现，形成所谓 3-tier 结构。用通用浏览器就实现了原来需要复杂专用软件才能实现的强大功能，并节约了开发成本，是一种全新的软件系统构造技术。

2. 系统通过架构于先进的 B/S 三层应用体系结构之上，并采用编程技术和面向对象程序设计技术，将复杂的业务处理逻辑、流程控制逻辑和数据存取逻辑通过 Enterprise Java Beans 组件来实现，并运行在应用服务器之上，实现业务逻辑的快速部署和灵活调整，并通过部署在应用服务器层的专用组件实现对数据库的存取访问，以充分保证数据库系统的安全可靠访问。

（二）基于 Android 平台的应用开发

系统中的移动应用终端是基于 Android 系统的智能终端，是一个分层的环境，构建在 Linux 内核的基础上，它包括丰富的功能，提供多种连接选项，包括 WiFi、蓝牙和通过蜂窝（Cellular）连接的无线数据传输（例如 GPRS、EDGE 、3G、4G）。Android 应用程序中一项流行的技术是链接到 Google 地图，以便在应用程序中显示地址。由于 Android 平台包括流行的开源 SQLite 数据库，因此缓解了数据存储的负担。

四、系统安全设计

（一）安全设计原则

对于计算机系统来说，软件的安全性设计可以保证程序在其设计的运行环境中，不会引起（或可以容忍的小概率引起）或诱发对人员或设备的危害。

（二）安全设计保障体系

1. 系统级安全

如访问 IP 段的限制、登录时间段的限制、连接数的限制、特定时间段内登录次数的限制等，是应用系统第一道防护大门。

2. 程序资源访问控制安全

对程序资源的访问进行安全控制，在客户端上，为用户提供和其权限相关的用户界面，仅出现和其权限相符的菜单、操作按钮。在服务端则对 URL 程序资源和业务服务类方法的调用进行访问控制。

3. 功能性安全

功能性安全会对程序流程产生影响，如用户在操作业务记录时，是否需要审核，上传附件不能超过指定大小等。这些安全限制已经不是入口级的限制，而是程序流程内的限制，在一定程度上影响程序流程的运行。

4. 数据域安全

数据域安全包括两个层次，其一是行级数据域安全，即用户可以访问哪些业务记录，一般以用户所在角色为条件进行过滤。其二是字段级数据域安全，即用户可以访问业务记录的哪些字段。

5. 系统安全保障措施

系统的安全至关重要，为保障系统的安全稳定运行，从系统层、应用层、网络层、数据层、日常维护等方面制定了详细的安全设计方案。

6. 系统信息安全的系统维护

在网络安全体系中，建立了定期的安全检测、口令管理、人员管理、策略管理、备份管理、日志管理等一系列管理方法和制度。

7. 系统安全备份机制

1）用一盘磁带对整个系统进行（包括系统和数据）完全备份。当发生数据丢失时，只要用一盘磁带（即发生丢失前一天的备份磁带），就可以恢复丢失的数据。

2）采用差分备份方式进行数据备份，此种方式操作简单、备份时间短、容易恢复。系统备份的时间可以选在凌晨，由系统自动备份。

3）任何系统都不能保证万无一失，系统制定了包括紧急响应和报告流程、24 小时紧急事件响应服务措施、入侵分析、恢复被破坏文件并消除非法文件措施、恢复正常操作办法、消除入侵隐患措施等内容的应急预案。

五、功能应用成果

（一）实现班前教育、安全技术交底的管理功能

施工作业前的班前教育、安全技术交底是否真正落实到位，对保证施工安全起到至关重要的作用。施工单位管理人员及时将安全交底，班前教育的文本、图片、视频等相关内容上传至后台服务系统，各单位相关管理人员利用电脑和智能手机对班前教育、安全技术交底情

况可以随时进行查询和监督管理。有效解决了施工作业人员班前教育、安全技术交底不到位和安全监督难的问题。

（二）安全检查功能，实现对安全检查、整改情况、跟踪闭环管理功能

在施工过程中检查发现的安全问题和隐患，从监理单位签发整改通知单到施工单位整改验收闭合，反复流转管理流程很慢，不利于安全问题和隐患的及时整改落实。通过安全检查功能，将建设单位和监理单位安全检查中发现的问题，及时统一汇总到监理单位，随后下达整改通知单，发送整改通知书给相关施工单位的具体责任人。相关施工单位对通知单中的每个问题进行逐项整改，填写整改意见、上传整改后的照片，监理工程师对回复的整改通知单中的问题进行复核验收。安全检查功能在规范施工现场检查整改管理业务的基础上，从检查任务的管理、现场安全检查、隐患整改到统计分析等环节建立了快速的闭环管理流程，实现对安全检查管理流程的固化，随时处理施工现场存在的问题，满足了相关管理人员对施工现场的安全管理要求。

（三）实现管理亮点在各参建单位的移动端进行推广的功能

对在检查过程中发现的安全管理亮点和创新点及时进行表扬和推广，树立样板的同时让更多的参建单位了解和学习，从而提升安全管理水平。

（四）实现违章行为曝光和安全检查情况统计分析功能

通过建立违章曝光，将在安全检查过程中发现的一些重大或典型安全隐患进行集中编辑，并通过曝光台进行曝光。根据违章类型，施工单位按照时间维度、违章次数进行排列，分析违章趋势及违

章的分布情况避免在后续的施工过程中再犯同类型的错误。

（五）与人员定位系统无缝集成

将移动安监使用人员的定位管理集成到人员定位系统中，在人员定位系统中可以随时定位移动安监系统使用人员，查看移动安监人员的活动轨迹、考勤信息等。

（六）实现对人员、施工设备信息管理功能

统一各参建单位人员和施工设备的信息管理，包括人员的职务、工种、培训教育、持证上岗、电话号码等个人详细信息。施工设备是否进场、是否为特种设备等内容，施工设备信息管理包含施工设备型号、编号、详细信息。便于移动安监系统使用人员在安全检查过程中随时进行查询。

（七）实现安全制度、法律法规、策划方案、安全专项施工方案管理功能

由于安全制度、法律法规、安全策划方案、安全专项施工方案等相关文件内容繁杂，格式不一，需要根据不同的文件类型（PDF/WORD/EXCEL）录入到系统中，逐一进行分类管理，便于移动安监系统使用人员随时进行查询。

六、结束语

（一）"互联网 + 移动安监智能管理系统"在吉林丰满水电站全面治理重建工程得到了全面推广与应用。参建各单位对系统存在的问题及时向厂家技术人员进行反馈，并提出了合理化建议，使系统更加成熟和实用，但目前系统中仍存在一些问题和不足需要不断地更新和完善，例如：由于受到网络安全问题的限制，系统只能通过 WIFI 局域网在施工现场应用，出差和离开施工现场的管理

人员无法登录系统，实时了解安监最新信息，查阅内部资料；施工现场偏远部位还存在网络信号差等问题。

（二）"互联网 + 移动安监智能化管理系统"采用了国际最新最前沿的技术，以专网和无线通信技术为依托，以手机等便携终端为载体的移动信息化系统，技术先进、操作简单人性化，使得手机也具备了和电脑一样的办公功能，而且它还摆脱了必须在固定场所、固定设备上进行办公的限制，借助手机通信的便利性，无论身处何种紧急情况下，都能高效迅捷地开展工作，实现了安全管理信息化向施工现场的延伸。

（三）"互联网 + 移动安监智能化管理系统"综合了统一指挥调度、语音通信、视频监控、定位、录音 / 录像等各种功能，实现语音、视频、图片、文本、记录等格式化数据和非格式化数据的多种数据融合，同时把建设单位、监理单位、施工单位的人员整合在同一个平台上，有效提高了各单位各部门之间协同办公的能力和工作效率，为安全管理工作提供了有力的保障。

（四）全面应用"互联网 + 移动安监智能化管理系统"，将互联网和信息通信技术融入安监智能管理工作中，为安全管理体系提供了安全、可靠的现代化移动安监机制，为安全管理工作推广应用新技术、新装备开拓了全新的思路和方向，创新了安全管理工作的管理模式。

参考文献：

[1]《国务院关于积极推进"互联网+"行动的指导意见》

[2] 移动安监智能管理系统招标文件相关文件

[3]《北京尚优力达科技有限公司无线互联网+移动安监系统使用手册》

绿色建筑工程监理要点浅谈

宜昌三大工程建设项目管理有限责任公司　杜颖　秦俊涛

"江南·URD" A区项目属于大型综合建筑群，主体为钢筋混凝土框架结构和钢结构，采用嵌岩基础、人工挖孔墩、机械旋挖灌注桩；绿色建筑等级目标为二星级。宜昌三大工程建设项目管理有限责任公司承担了该工程的监理工作，这也是公司第一个全面实现绿色建筑施工监理的项目，为了确保绿色建筑施工质量，针对项目特点，监理部在认真学习绿色施工技术规范的基础上，制订了详细的监理检查控制措施，下面就该工程绿色建筑施工过程中的监理工作与大家分享，以便更好地交流。

一、工程概况及绿色建筑主要设计方案

本工程规划用地面积 47581.15m²，拟建建筑物共 16 栋，总建筑面积 70686.77m²，其中地上建筑面积 43749.35m²，地下建筑面积 26937.42m²，景观种植面积 8449m²，铺装面积 21852m²。

建筑物单体占地面积大、大跨度高支模较多、可利用场地狭小、平面布置难度大。高达 17m 的高边坡与土建工程交叉作业，建筑物按场地标高变化呈阶梯状，标高、轴线控制点多，（整个项目所包含的单体工程均由连廊连接而且单体工程本身标高繁多）要求精准。质量、安全控制存在点多面广的特点，管理难度较大。工程建筑智能化程度高，安装工程系统复杂。

该工程属夏热冬冷地区，节能水平为 50%，设计采用太阳能光热、集中空调、空气源热泵等节能设备，屋面采用 70mm 厚 XPS 保温板保温，局部种植屋面；外墙采用 BO5 级蒸压砂加气混凝土保温薄块，内墙采用蒸压砂加气混凝土精确砌块；外窗采用断桥隔热铝合金框与中空玻璃，玻璃幕墙采用中空 LOW-E 玻璃。

二、监理管理工作要点

（一）绿色建筑施工监理目标

绿色建筑评价指标体系由节地与室外环境、节能与能源利用、节水与水资源利用、节材与材料资源利用、室内环境质量、施工管理、运营管理 7 类指标组成。

施工阶段主要工作是按照经审批通过的施工图，在保证质量、安全等基本要求前提下，通过科学管理和技术进步，最大限度节约资源与减少对环境负面影响，实现四节一保（节能、节地、节水、节材和环境保护），符合《建筑工程绿色施工评价标准》（GB/T 50640）优良等级标准。

（二）扬尘控制监理管理要点

1. 运送土方、垃圾、设备及建筑材料时，必须做到不污损场外道路。对于运输容易散落、飞扬、流漏物料的车辆，必须采取措施封闭严密，保证车辆清洁。施工现场出口应设置洗车槽。

2. 土方作业阶段，必须采取洒水、覆盖等措施，达到作业区目测扬尘高度小于 1.5m，不扩散到场区外。

3. 施工阶段，作业区目测扬尘高度小于 0.5m。对易产生扬尘的堆放材料应采取覆盖措施；对粉末状材料应封闭存放；场区内可能引起扬尘的材料及建筑垃圾搬运应有降尘措施，如覆盖、洒水等；浇筑混凝土前清理灰尘和垃圾时尽量使用吸尘器，避免使用吹风器等易产生扬尘的设备；机械剔凿作业时可用局部遮挡、掩盖、水淋等防护措施；清理高处建筑垃圾时，应搭设封闭性临时专用道或采用容器吊运。

4. 施工现场非作业区达到目测无扬尘的要求。对现场易飞扬物质采取有效措施，如洒水、地面硬化、围挡、密网覆盖、封闭等，防止扬尘产生。

5. 构筑物机械拆除前，做好扬尘控制计划。可采取清理积尘、拆除体洒水、设置隔挡等措施。

（三）建筑垃圾控制监理管理要点

1. 承包人必须制订建筑垃圾减量化计划，每万平方米的建筑垃圾不宜超过400t。

2. 承包人必须加强建筑垃圾的回收再利用，力争建筑垃圾的再利用和回收率达到30%，建筑物拆除产生的废弃物的再利用和回收率大于40%。对于碎石类、土石方类建筑垃圾，可采用地基填埋、铺路等方式提高再利用率，力争再利用率大于50%。

3. 施工现场生活区设置封闭式垃圾容器，施工场内生活垃圾实行袋装化，及时清运。对建筑垃圾进行分类，并收集到现场封闭式垃圾站，集中运出。

（四）节能措施监理管理要点

1. 要求承包人制定合理施工能耗指标，提高施工能源利用率。

2. 优先使用国家、行业推荐的节能、高效、环保的施工设备和机具，如选用变频技术的节能施工设备等。

3. 施工现场分别设定生产、生活、办公和施工设备的用电控制指标，定期进行计量、核算、对比分析，并有预防与纠正措施。

4. 在施工组织中，合理安排施工顺序、工作面，以减少作业区域的机具数量，相邻作业区充分利用共有的机具资源。安排施工工艺时，应优先考虑耗用电能的或其他能耗较少的施工工艺。避免设备额定功率远大于使用功率或超负荷使用设备的现象。

（五）施工用电及照明监理管理要点

1. 临时用电优先选用节能电线和节能灯具，临电线路合理设计、布置，临电设备宜采用自动控制装置。采用声控、光控等节能照明灯具。

2. 照明设计以满足最低照明为原则，照明不应超过最低照度的20%。

（六）周转材料监理管理要点

1. 应选用耐用、维护与拆卸方便的周转材料和机具。

2. 优先选用制作、安装、拆除一体化的专业队伍进行模板工程施工。

3. 模板应以节约自然资源为原则，推广使用定型钢模、钢框竹模、竹胶板。

4. 施工前应对模板工程的方案进行优化。多层、高层建筑使用可重复利用的模板体系，模板支撑宜采用工具式支撑。

5. 优化外脚手架方案。

6. 推广采用外墙保温板替代混凝土施工模板的技术。

7. 现场办公和生活用房采用周转式活动房。

（七）临时用地指标监理控制要点

1. 根据施工规模及现场条件等因素合理确定临时设施，如临时加工厂、现场作业棚及材料堆场、办公生活设施等的占用指标。临时设施的占用设施的占用面积应按用地指标所需的最低面积设计。

2. 要求平面布置合理、紧凑，在满足环境、职业健康与安全及文明施工要求的前提下尽可能减少废弃地和死角，临时设施占地面积有效利用率大于90%。

三、监理工作方法及措施

绿色环保建筑由建筑规划、设计、施工、运营维护等四个阶段构成，施工阶段是绿色环保建筑组成部分，因此，绿色环保施工是绿色环保建筑的一个重要环节。实施绿色环保施工是贯彻落实科学发展观的具体体现，是建设节约型社会、发展循环经济的必然要求，是实现节能减排目标的重要环节。

（一）绿色环保施工过程监理工作方法

1. 绿色环保施工的事前控制

1）根据《建筑工程绿色施工评价标准》（GB/T 50640）和相关绿色施工管理规定，按照与施工有关的强制性标准及行业监理规范的要求，结合工程特点，编制《绿色环保施工监理实施细则》。明确绿色环保施工监理工作的方法、措施、工作流程、控制要点和评价指标，以及对承包商绿色环保施工技术措施的检查方案。

2）监督检查施工单位健全绿色环保施工规章制度。

3）要求承包人编制工程项目绿色施工组织设计，专项绿色施工方案，包括组织管理体系、管理目标设定、岗位职责分解、监督管理机制、施工部署、分部分项施工要求、保证措施和绿色施工评价方案等内容，应通篇体现绿色施工管理和技术要求。

项目总监在审批施工单位的绿色环保施工实施方案时，审查是否符合绿色环保施工的有关规定要求，是否符合现行工程建设强制性标准要求。审核施工单位绿色环保施工应急救援预案和绿色环保施工措施费使用计划。

4）加强教育和培训，贯彻绿色环保施工理念。

2. 绿色环保施工的事中控制

1）监督施工单位的绿色环保施工管理体系运行，使绿色环保施工得到控制。

2）监督施工单位按照施工组织设计中的绿色环保施工技术措施和专项施工方案组织施工，及时制止违规施工作业。

3）对整个施工过程实施动态管理，每周一次组织检查施工过程中的绿色环保施工工序作业情况。

4）核查施工现场主要施工设备是否符合绿色环保施工要求。

5）检查施工现场各种施工标志和绿色环保施工防护措施是否符合强制性标准要求。

6）督促施工单位制定施工防尘、防毒、防辐射等职业危害的措施，保障施工人员的长期职业健康。

7）督促施工单位合理布置施工现场，保护生活及办公不受施工活动的有害影响。督促施工单位在施工现场建立卫生急救、保健防疫制度，在安全事故和疾病疫情出现时提供及时救助。

8）督促施工单位提供卫生、健康的工作与生活环境，加强对施工人员的住宿、膳食、饮用水等生活与环境卫生等管理，改善施工人员的生活条件。

9）督促施工单位结合工程项目的特点，有针对性地对绿色环保施工做相应的宣传工作，通过宣传营造绿色环保施工的氛围。

10）督促施工单位定期对职工进行绿色环保施工知识培训，增强职工的绿色环保施工意识。

11）定期组织建设施工（包括分包商）、监理三方进行绿色环保大检查，对工程的整体绿色环保施工全面清查，责成相应责任人限期整改完毕。

12）监理工作例会上，要将绿色环保施工工作作为必谈的专题。与会人员共同发现问题，制定整改措施，并要检查整改落实情况。

3. 绿色环保施工的事后控制

1）当绿色环保施工与计划发生差异时，在分析原因的基础上，采取措施，控制局势，以保证绿色环保施工方案目标的实现。

2）总结施工过程中有效的绿色环保施工监理措施，查找控制不力或不足的环节，提出改进意见。总结经验，吸取教训，把绿色环保施工监理工作做得更好更实。

（二）主持召开监理例会和绿色环保施工专题会议

1. 监理例会：在定期召开的监理例会中，检查上次例会有关绿色环保施工决议事项的落实情况，分析未落实事项的原因，确定下一阶段绿色环保施工管理工作内容，明确重点监控的措施项目和施工部位，并对存在问题提出意见。

2. 绿色环保施工专题会议：必要时召开绿色环保施工专题会议，由总监或负责绿色环保施工监理人员主持，施工单位项目负责人和现场相关管理人员参加；监理人员应做好会议记录，及时整理会议纪要；会议纪要应要求与会各方会签，及时发至相关各方，并有签收手续。

四、绿色施工的具体措施及控制效果

除按施工图全面实施绿色建筑施工外，承包人还在具体实施过程中采取了以下措施体现项目的绿色施工：

（一）在大门出入口可设置了电子实时监控装置，对施工现场PM2.5、PM10、噪声等级等实时进行监控。

（二）施工现场连续设置封闭式围挡，高度不应小于2.5m，并喷涂安全、质量、文明施工用语及公益性宣传内容。

（三）大门入口处设置车辆冲洗装置，产生的污水流入沉淀池沉淀后排入城市管网。

（四）现场主要道路采用混凝土硬化，并设置排水措施。

（五）现场主要道路四周设置循环喷雾降尘系统，现场配置风炮、洒水车，根据需要随时进行洒水降尘工作。

（六）现场大门处及主要道路四周设置绿化带及样板墙。

（七）临时设施使用装配式板房，维护和拆卸方便，且易于回收和再利用，减少建筑垃圾。

（八）钢筋及砖砌体边角废料集中堆放，并进行回收再利用，钢筋拉至厂家回炉，砖砌体用于临时挡墙及临时花池砌筑。

2017年4月，本项目接受了由国家住建部建筑节能和科技司、省住建厅、市住建委及相关专家组成的检查组进行绿色施工专项大检查。专家检查了绿色建筑项目相关资料及工程现场，总体评价认为本项目绿色施工指标完成较好。

绿色建筑的应用旨在提高全民环保意识，推进行业从业人员逐步熟悉和掌握绿色建筑工作思路及程序，为国家全面实施绿色建筑，还祖国一片蓝天作出了贡献。

参考文献：

[1]《建筑工程绿色施工规范》（GB/T 50905-2014）
[2]《绿色建筑评价标准》（GB/T 50378-2014）

加强安全基础管理　从源头上防控安全风险

武汉铁道工程建设监理有限责任公司　余会敏

推行安全风险管理，是新形势下贯彻落实科学发展观，促进铁路安全工作稳定发展的必然要求。坚持从强化安全基础管理入手，认真落实安全生产过程控制，健全安全管理考核机制，深化安全文化建设，积极构建全面、全员、全过程的安全风险防控机制，从而实现铁路安全管理全面、全方位，协调、高效、可持续的高水平稳定发展。

一、全面推行安全风险管理的意义重大

（一）推行安全风险管理，是铁路安全工作不断发展、完善和提高的需要。铁路是一部大联动机，有设备联网、生产联动、作业联劳的特点，安全管理的系统性很强。铁路安全管理是一个连续不断、环环相扣的运行过程，安全风险存在于各个工作岗位的运行过程之中，任何一个环节出现问题，都可能导致事故发生。铁路安全管理是一个复杂的系统工程，各种因素相互交织、相互影响，内外部环境复杂多变，安全风险随之发生，并不断转化与变异，原来是低风险的可能演化为高风险，原来没有风险的环节，可能会出现风险。铁路安全

所具有的全系统性、全过程性、易发多变的特性，需要从安全管理的功能建设上加以控制，从源头上加以解决，通过治本来消除风险。因此，铁路推行安全风险管理的实质，就是深入贯彻落实"安全第一、预防为主、综合治理"的工作方针，就是认真按照科学发展观的要求，加强安全基础建设，强化安全过程控制，从源头上消除安全隐患，防范各种安全风险发生。所以，全面推行安全风险管理，对于做好新形势下的铁路安全工作，深入推进科学发展观在铁路安全管理中的贯彻落实，有着十分重大的现实意义。

（二）推行安全风险管理，是进一步规范铁路安全管理的需要。推行安全风险管理，不是简单的提法上的变化，更不是在安全管理上另外再搞一套，而是要在深刻总结铁路安全工作规律，准确把握当前铁路安全特征和变化的基础上，对铁路安全管理长期以来行之有效做法的坚持、管理的完善和新时期应对新情况，对安全工作的创新。因此，推行安全风险管理，既不能与现有安全管理相割裂，更不能脱离现有安全管理另起炉灶，必须把安全风险管理建立在现有安全管理基础上，引入风险意

识，加强风险掌控，优化工作思路，促进现有安全管理更加理性和科学。安全是铁路工作的生命线，是铁路的"饭碗工程"，在铁路的各项工作中没有比安全更重要的事情。铁路行业的特性，决定了铁路安全风险管理，有其自身特点和规律，必须深入思考和研究铁路安全风险问题，特别是要针对铁路安全管理工作中发生的惯性问题、重复发生的问题，进行深层次原因的研究，从科学管理的高度入手，积极做到预防为主、关口前移，从源头上防控安全风险。推行安全风险管理是对安全意识的强化、安全理念的提升、安全工作思路的优化。所以，全面推行安全风险管理，对于进一步规范新形势下的铁路安全管理意义重大。

（三）推行安全风险管理，是进一步规范铁路建设工程质量安全管理的需要。铁路建设工程必须认真推行质量安全风险管理，这是工程建设过程中，质量风险、安全风险、廉政风险、稳定风险全过程的控制。铁路建设工程发生质量安全事故的概率较高，是一个安全高风险行业。强化铁路建设工程安全风险管理，有利于决策科学化、效益化，有利于减少工程事故的发生，有利于增强建设、设计、

监理和施工单位的安全风险管理意识和管理能力，从而达到控制安全风险、减少人员和财产损失、杜绝违规违纪行为，确保工程优质、干部优秀的目的。同时，对于推进铁路建设科学发展、协调发展、和谐发展、可持续发展，更好地为经济社会发展服务，为广大人民群众服务，都具有十分重要的意义。在项目建设监理工作中引入质量安全风险管理，就是要强化对项目建设过程中风险的管控，加强对高风险环节和岗位的掌控，把安全质量风险控制贯穿到项目建设的前期规划、项目立项、勘察设计、工程实施、竣工验收等各个环节，确保每一项工程都成为优质工程、放心工程，最大限度地减少或消除风险，保证铁路建设健康、顺利推进，实现较长周期的安全稳定。所以，全面推行安全风险管理，对于规范新形势下的铁路建设质量安全管理意义十分重大。

二、推行安全风险管理要深入扎实

监理企业推行安全风险管理，要根据建设工程施工管理的工作特点，以标准化建设为载体，以"质量管理体系、环境保护体系、职业健康安全体系"贯标为核心，通过推行标准化建设，坚持依法监理、规范监理、标准化监理，认真履行监理职责，提升安全管控手段和水平。夯实工程质量安全管理基础，树立监理企业良好形象，有利于监理企业在市场竞争中站稳脚跟。

（一）强化管理，卡控关键，确保安全风险管理有序推进。一要从风险意识上进行强化。提高全员安全风险意识，要认真组织学习安全风险管理知识，让全员深刻认识到推行安全风险管理的重大意义，准确把握铁路安全风险管理的深刻内涵，了解安全风险管理的现代化管理作用，确保全面推行铁路安全风险管理取得实效。二要从制度措施上进行细化。要根据建设工程项目特点和自身实际，从组织领导、管理职责、安全风险辨识、风险控制难度和危害大小等，编制安全风险管理方案，针对工程特点、周边环境和施工工艺等制定安全监理工作流程、方法和措施，编入《监理规划》

并抓好管控落实。三要从安全责任上进行落实。按照"逐级负责、专业负责、分工负责、岗位负责"的要求，把风险责任和风险控制措施落实到位，做到明确岗位、明确内容、明确职责，对不落实的要追究责任，实现对安全风险的有效控制。四要从过程控制上进行加强。要建立危险性较大的分部、分项工程统计分析制度，运用"一查一整三追查"的检查方法，检查现场监理情况，整顿站内管理，问题整改由监理站负责人、监理组负责人及现场专业监理工程师三级追踪管理。对安全问题和安全风险点的控制、落实情况，进行定性、定量综合分析，对发现的问题及时下达《监理工程师通知单》《监理工作联系单》《停工令》并督促整改。

（二）以人为本，控制源头，确保工程建设监理队伍廉洁。工程监理的廉政建设问题，监理队伍的廉洁自律问题，是安全风险防控的重要内容。如果廉政建设出了问题，毁了队伍，毁了监理人员，无法向党和人民交代，同时，工程质量安全也难以确保。所以，工程项目监理从业人员，必须具备良好的职业道德，不仅要有强烈的廉洁自律意识，而且具有严格按照工程技术规范开展监理工作的能力。监理人员的从业行为直接影响着工程的安全、质量、投资和工期。为了有效控制建设工程安全风险中的廉政风险，为了建设"安全工程、优质工程、精品工程"，一方面要加大党风廉政建设教育工作力度，教育监理人员廉洁从业、廉洁自律、遵纪守法，在思想上筑牢道德防线；另一方面要制定《监理人员廉洁自律行为准则》，对监理人员进行廉政风险管理的警示，

让监理人员自觉规范工作行为；同时，发现监理人员有不廉洁行为的，必须严肃查处，绝不心慈手软，把害群之马坚决清除出监理队伍，确保监理企业和监理队伍的良好形象。

（三）以全面推行安全风险管理为核心，提升全员、全过程安全控制能力。"无危则安，无损则全。"安全是一种不发生损失或伤害的和谐的生产状态，事故则是对安全生产过程失去控制的产物，事故的发生与人的不安全行为、物的不安全状态、不良的工作环境和安全管理上的缺陷息息相关。安全风险管理正是从风险管理的角度分析了事故的形成机理，揭示了事故的内在规律和本质根源。推行安全风险管理，有助于理清工程监理过程中质量安全管理思路，找到施工管理的关键环节和工程质量安全工作的突破口，提高风险防范和事故预防与处置的能力；有助于监理人员将安全风险意识根植于思想深处，贯穿到工程质量卡控的全过程，增强搞好工程质量安全的自觉性；有助于监理人员牢固树立安全意识，做到任何时候都把工程质量安全作为大事来抓，任何情况下都把工程质量安全放在第一位来考虑，任何影响工程质量安全的问题都要立即解决，从而牢牢掌握质量安全工作的主动权。

三、全面推行安全风险管理任重道远

安全风险管理是科学管理的内容，抓好安全风险管理，使其充分发挥作用，确保铁路安全长治久安，绝非一朝一夕的功夫，必须充分认清任重道远，真抓实干，狠抓落实。

（一）提升安全管理科学化水平任重道远。全面推行安全风险管理，是部党组审时度势，从党和国家工作大局出发，站在更好地服务人民群众，让人民群众满意的高度，贯彻落实科学发展观，实现铁路科学发展、安全发展的战略性举措。我们必须清醒地看到，提升安全管理水平绝非一朝一夕的工作，安全管理的制度化、科学化管理任重道远。"安全生产大如天""安全是铁路的'饭碗工程'"等安全新理念，必须进一步深入人心，"安全第一、预防为主、综合治理"的安全风险控制体系，必须进一步筑牢，从而推进铁路安全管理全面、协调、可持续地向前稳定发展。

（二）落实安全管理逐级负责制任重道远。长期以来，铁路各级组织高度重视安全工作，但安全基础薄弱的状况始终没有得到根本解决，其中重要原因之一，就是安全管理逐级负责制落实不到位。推行安全风险管理，构建全面、全员、全过程的安全风险控制体系，核心就是将安全风险防范工作落实到各层级、各岗位，就是要对各类安全风险实行分类管理，实施安全风险管理的过程控制，并要狠抓管控措施的落实，狠抓

检查考核，进行闭环管理。对在安全管理中出现不抓落实的人和事、造成违章和事故的人和事，从严追究、从严查处，决不姑息迁就，从而使铁路安全管理达到一种不发生损失或伤害的和谐生产状态。

（三）确保铁路建设工程安全质量有序可控任重道远。全面落实部党组科学有序推进铁路建设的一系列部署要求，建设工程质量安全管理，已经成为铁路安全管理的重要组成部分，坚持依法合规、严格程序、严格标准，进行工程建设和工程监理，确保提高工程效率，加快工程进度，按期完成各项工程建设任务。监理企业要带头推行安全风险管理，带头落实建设工程质量安全风险控制，把质量安全风险控制，贯穿到建设工程的前期规划、项目立项、勘察设计、工程施工、竣工验收等各个环节，确保每一项工程都成为优质工程、放心工程。因此，监理企业的标准化建设，科学化管理需要做大量工作，落实建设工程质量安全控制任重道远，推行安全风险管理责任重大、任重道远。

浅谈如何做好铁路营业线施工监理的管控工作

上海建科工程咨询有限公司广西分公司　石才敬　魏鹏湾　陈希　肖和庭　王磊

摘　要：影响铁路营业线施工的安全隐患较多，如何确保行车及施工安全是监理管控工作中非常重要的一项。本文结合柳州站站房扩建工程铁路营业线监理管控实践经验，从提高监理人员业务水平、建立健全安全管控体系、严格审查施工方案及施工计划和严格过程控制等四个方面探讨，以便更好地发挥监理管控作用，也为从事营业施工管理的监理工作者提供借鉴和参考。

关键词：营业线施工　监理　管控工作

一、引言

柳州站站房扩建项目为大型车站站改工程，与上海虹桥、上海南站、南宁东站、南京南站等新建站房相比，原址改扩建高铁站房除了一般铁路站房施工管理规定所要求监控的内容外，营业线施工将贯穿整个工程施工始末，稍有不慎，将造成列车冒进、信号失灵、刮擦动车、人员伤亡等铁路交通事故，一旦发生铁路交通事故，将对参建各单位进行停标处罚、全路不良行为认定并追究相应的事故责任，甚至追究相关个人刑事责任。因此，营业线施工必须把确保行车安全放在首位。

其次，营业线施工必须先向建指、建管处、运输处提前申报施工计划，严格按照下达的施工计划组织施工，严禁无计划施工、超范围施工。监理需要每日审核施工条件确认卡控表、使用大型机械施工条件卡控表和第二天营业线施工的"双确认"，监控施工单位按照施工日计划施工。

在营业线施工安全压力大，施工质量要求高，施工工期紧张的情况下，如何消除潜在的安全隐患，既保证营业线行车安全、施工安全、人身安全，又能高标准、高质量地如期完成工程，是营业线施工监理人员必须思考的问题。本文结合柳州站站房扩建工程营业线监理管控实践经验，谈一下监理管控工作方法和措施。

二、提高监理人员业务水平

监理人员若想做好营业线施工管控工作，必须首先掌握营业线施工管理涉及的法律法规、管理办法、规程等。扎实的理论基础是做好营业线施工管控工作的前提，通过持续不断的学习与培训，使监理人员熟知营业线知识，提高管控工作的业务水平。

1. 建立学习型监理项目团队

监理项目部应坚持团队学习，争做学习型监理项目团队。结合项目实际、现场施工进度和施工内容，制定学习制度及每月学习计划，如图1所示，由项目部各位成员轮流讲课，然后进行互动、讨论和消化让项目部监理人员人人参与营业线施工知识讲解，共同分享营业线施工管控经验，用集体智慧解决营业线施工管控工作遇到的难题。同时培养一专多能的复合型监理人才，确保项目部内部信息传递流畅，各成员均能够明确了解建设单位的意图，能够更好地为建设单位提供咨询服务。

柳州站站房扩建工程

监理项目部

内部会议制度

编 制 人：_____

总（副）监理工程师：_____

时 间：_____

上海建科工程咨询有限公司
柳州站站房扩建工程监理项目部

柳州站站房扩建工程监理项目部内部人员培训计划

会议地点：监理项目部会议室　　时间：每周三 18:30-19:00

日期	主持人	学习、交流内容	主讲人	备注
2016.11.16	魏鹏涛、肖和庭	混凝土回弹仪使用及相关知识	唐东雷	
2016.11.23	魏鹏涛、肖和庭	南宁铁路局造价控制相关知识	菁梦	
2016.11.30	魏鹏涛、肖和庭	南宁铁路局档案管理办法	吴晓丽	
2016.12.07	魏鹏涛、肖和庭	干挂石材控制要点	石才期	
2016.12.14	魏鹏涛、肖和庭	营业线天窗、封锁施工安全管理要点		
2016.12.21	魏鹏涛、肖和庭	施工现场模板搭设规范要求及控制要点	肖和庭	
2016.12.28	魏鹏涛、肖和庭	二次结构砌筑控制要点	高达	
2017.01.04	魏鹏涛、肖和庭	全站仪实际操作及相关知识	韦诚	
2017.01.11	魏鹏涛、肖和庭	混凝土试块质量检查方法及要点	沈文埠	
2017.01.18	魏鹏涛、肖和庭	钢筋质量检验控制要点	唐东雷	
2017.02.08	魏鹏涛、肖和庭	资料室归档资料管理办法	菁梦	
2017.02.15	魏鹏涛、肖和庭	路局、建指、安监室等部门通知和书面复核标准	吴晓丽	

图1 柳州站站房扩建工程项目部学习制度及学习计划

2. 学会整合资源

开工前，全体监理人员应参加路局营业线施工培训并经考试合格后持证上岗。施工过程中与路局同行监理单位相互交流学习，参加路局建管处施工办专家授课，充分利用外部资源。通过返聘路局营业线施工管理经验丰富的退休段长，全过程对其他监理人员进行现场指导、教学和交流，发掘内部资源。如图2所示，全体取得路局"三员证"，并在老段长指导下理论结合实践。

3. 学会总结经验，形成 PDCA 循环

每月定期召开月度监理工作总结、专项工作总结等，对铁路交通事故进行总结分析，汲取经验教训，对本月营业线监理工作中存在的问题进行分析总结，并对下一步工作提出要求，形成 PDCA 循环。柳州站站房扩建工程项目部结合营业施工管控积累的经验形成了铁路站房及营业线监理作业指导书，如图3所示。

三、建立健全安全管控体系

首先监理项目部应确定总监负责，副总监分管，监理组长直管，监理人员人人参与的营业线施工管理机构及安全责任体系。按照建科岗位宣贯内容确定岗位责任，逐级负责与督促。针对营业线施工特点，制定营业线施工监理工作总流程与施工方案审核、风险研判、天窗封锁施工、大型机械监理工作流程等，要求监理人员严格按照工作流程展开现场管控工作。

其次，监理项目部应结合工程营业线施工特点，由总监牵头，专业监理工程师参与编写操作性强、可执行的营业线施工专项监理实施细则，如图4所示。明确项目难点、关键控制点，如：材料机具侵限、大型机械防护、地下线缆保护、平交道口管理、接触网防护等，制订相应监理工作控制要点，并逐个工点落实到人。

图2 三员证取得及现场理论结合实践

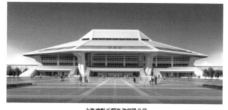

铁路营业线施工

监理作业指导书

上海建科工程咨询有限公司
柳州站房监理项目部
2016 年 12 月 1 日

图3 柳州站房监理作业指导书

站房工程

监理作业指导书

上海建科工程咨询有限公司
柳州站房监理项目部
2016 年 12 月 1 日

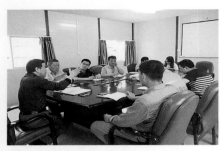

图4　监理细则交底双同时

最后，监理项目部根据下达施工计划做好风险研判，提前预判潜在安全隐患，重点盯控，如图5所示。监理人员必须牢记风险点与控制措施，牢牢掌握营业线施工管控工作的主动权，确保行车安全。营业线施工监理管控要把建立的安全管控体系与现场实际工作结合起来，人人懂营业线施工，人人按照岗位要求明确责任，齐抓共管，充分将铁总体系与建科体系融合，相得益彰，使现场管控水平更上一层楼。

四、严格审查施工方案和施工计划

营业线施工牵扯施工管理部门多、配合单位多、审批手续多、现场限制条件多、安全隐患多、施工要点难、安全监控难，计划变更难等特点。因此，监理单位对施工方案和施工计划必须严审核、严执行。

（一）严格审查施工方案

施工方案由总监组织专业监理工程师审核，严格按照路局《营业线施工安全管理办法》等施工方案审批制度文件要求进行审核，并组织监理人员交底，如图6所示。审核施工方案，重点审核施工方案内容，应包括施工项目及负责人、作业内容、地点和时间、影响及限速范围、设备变化、施工方式及流程、施工过渡方案、施工组织、施工安全和质量的保证措施、施工防护办法、列车运行条件、验收安排等基本内容，并仔细审核施工方案内容是否具有科学性、可行性。比如：是否有防高空坠物、漂浮物落到接触网的措施；大型机械设备使用是否有防护措施；是否合理安排线路检养；线路减速或停车标识设置方法是否符合要求；是否具有应急预案，等等。施工方案审核通过后，督促施工单位与设备管理单位及行车组织单位按照施工项目分别签订安全协议。

（二）严格审查施工计划

审核月度施工计划、日计划时，核对计划号、施工等级、线路、行别，确认施工地点、施工内容，具体使用施工机械，确认施工内容、限速及行车变化方式等是否准确，确认施工单位负责人及设备管理负责人及联系电话。

审核施工条件卡控表，核对月计划号、日计划号，确定施工内容和施工等级，施工前的准备，是否有施工方案、施工计划、培训考核、技术交底文件，施工人员、机具材料是否到位，驻站防护、现场防护、隔离防护、设备防护、机械防护、防护用品是否已确认到位，相关设备管理单位、现场防护员、驻站联络员、施工负责人是否已经签字确认，再由监理工程师签字确认。审核大型机械施工条件卡控表，还应进行确认机械编号、机械合格证、机械审查证、机械准入证，确认限界。

如图7所示，监理人员应严格按照施工计划、双确认及双卡控管控营业线施工，严禁无计划施工、超范围施工、严禁提前准备和点外擅自施工，确保行车安全。

上海建科7月份风险研判表

编号	计划号	风险研判							防控措施				管控责任		风险周期	备注		
		风险名称	风险分类	系统	风险原因（致因）	可能后果	风险分布	风险源工点名称及施工范围	既有措施	进一步防控措施	应急（预警）处理措施	检查量化标准	责任部门	责任岗位		高铁	客车	重点
1	382	1.侵限 2.平交道口 3.栅栏门 4.接触网 5.轨道连电 6.排水不畅 7.地下管线 8.轻质材料 9.基坑坍塌	施工作业	建设	①未进行岗前培训；②材料机具摆放侵限；③未对线路进行检查；④栅栏门管理不严；⑤材料未与接触网保持安全距离；⑥导电物体掉落或放置在2根铁轨之上；⑦汛期16道外侧水沟清淤不及时⑧挖断地下管线；⑨营业线内轻质材料未及时清理被吹上线路影响行车；⑩基坑开挖过程中基坑坍塌影响行车。	①刮蹭或逼停列车；②列车脱轨，危及行；③人员随意进出，造成人身伤害；④接触网放电；⑤红光带；⑥水淹上道床，影响行车⑦挖断地下管线，影响行车；⑧轻质材料被吹上线路影响行车；⑨基坑开挖过程中基坑坍塌影响行车。	柳州站站房扩建先期实施工程	柳州站XIII：基坑开挖、高压旋喷桩、基坑支护、框架主体施工。在XIII道进行线路检查（每两小时一次）。施工里程：533km016m至533km081m	①作业人员经过安全培训并考试合格，每天进行班前安全教育；②现场负责人在过程中必须仔细检查材料、工具堆放情况，保证与营业线之间的安全距离；	防止材料、机具侵入限界；确认现场设备管理单位配合人员到位；现场防护人员到位。	先防护，后处理	全程盯控	中铁十九局	安质部	1日-31日			货车

图5　柳州站房风险研判表

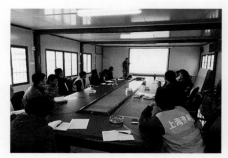

图6　方案审核"双同时""可视化"

审核施工日记

填写营业线施工"双确认"

填写营业线施工"双卡控"

天窗点施工监控

图7 营业线施工计划、双确认、双卡控管控

五、严格过程控制

施工过程中，监理项目部应按照铁总及路局相关要求对现场安全生产情况进行巡视检查，发现违规施工、无计划施工、超范围施工应立即制止。发现存在有安全隐患，必须及时与施工单位沟通并责令立即整改。对于发现的问题，监理人员应全程督促整改到位，切不可麻痹大意，如图8所示加强过程控制。巡视检查中，监理人员应主要检查以下方面，确保行车、施工及人身安全。

（一）检查人员到岗情况。营业线施工负责人、配合单位人员、防护员、驻站联络员、监理人员等必须到位才能开始施工。

（二）检查施工单位是否按照批准的施工方案落实现场防护。

（三）要求施工单位施工前必须做好安全技术交底工作，并留下书面材料。

（四）检查确认施工人员是否按要求穿戴劳动防护用品，防护员防护备品是否齐全，与驻站联络员信息联系是否通畅。

（五）进场施工机械是否办理机械准入证，机具是否能正常工作。大型机械必须做到"一人一机"防护。

（六）检查确认安全标识牌是否齐全、安放位置是否正确。

（七）封锁施工时，应进行线路检养，时刻检查材料、机具是否侵限，施工完成后要确认，做到工完场清。

（八）施工过程必须时刻注意机具、设备、材料与接触网的距离，保证接触网安全。

（九）吊装作业，应检查吊机支撑是否平稳，对吊装物是否采取了防晃动措施，严禁侵限。

（十）检查应急预案中的人员、物资、机具是否落实到位。

营业线施工是一项安全风险较大项目，监理管控工作需要持续、频繁的管理，必须制定完善的机制，严格过程管理，实施安全责任制。按照路局二十一字管理方针，把责任落实到岗、到人，加大对营业线施工巡查和管控隔离度，重点部位专人盯控，杜绝薄弱监控点。柳州站站房扩建工程在监理项目部全体监理人员与各级管理部门共同管理下，营业线施工全年零事故，并创建样板项目成功，总结出铁路站房作业指导书，培养出一批一专多能的监理人才，成绩显著。

图8 现场过程控制

参考文献：

[1] 刘利生，韩美清，陈强. 加强铁路建设工程施工监理管理的思路和措施[J]. 中国铁路，2013（5）：19—21.

[2] 张翔健. 做好铁路营业线施工安全监理工作的五个关键[J]. 建设监理，2015（5）：24—26.

[3]《铁路营业线施工安全管理办法》（铁总运（2012）280号）

[4]《南宁铁路局普速铁路营业线施工安全管理实施细则》（宁铁运（2013）26号）

浅谈项目管理与监理一体化模式下造价控制的几点体会

京兴国际工程管理有限公司　袁家霏

摘　要：在项目管理与监理一体化的模式下进行全过程造价控制，应注重树立全方位的风险防范意识，将风险管理前置，并加强落实防范措施。加强和重视管理与监理的分工合作，形成合力发挥整体优势。注重监理审查施工组织设计或施工方案环节的风险管理。

关键词：项目管理与监理一体化的模式　风险预控管理　审查施工组织设计或施工方案

造价控制是建设工程管理工作中的核心内容之一。工程造价的高低直接反映了建设项目的管理水平、投资效益。造价控制贯穿于工程建设的全过程，在施工前期各阶段尤其是设计阶段影响造价的可能性约为75%，施工阶段约为25%。造价控制在工程建设各实施阶段表现出环环相扣，逐层影响的效应，为实现降低造价提高经济效益，放眼造价形成的全过程，进行全过程控制势在必行。在项目管理与监理一体化的模式下，充分利用管理团队在施工前期各阶段的优势，以及监理团队在施工阶段的优势，统一协调管理，形成合力，进行全过程造价控制，并将造价风险控制最大限度地前置，不仅提高工作效率、减少失误而且还产生良好的控制效果，对工程建设造价目标乃至整体目标的实现具有重要意义。

笔者所在的监理单位（综合资质），同时承接了某总部大楼的项目管理与工程监理两项任务，在公司统一指挥下，分别组建了项目管理部和监理部两个机构，并明确了整体建设目标，实施项目管理与监理一体化服务。作为项目管理团队内的造价管理人员，笔者结合所遇的实际问题，就以下三点工作体会与同行进行交流。

一、进入施工阶段后，由于招标工作完成，合同价已经形成，一般情况下造价工作的重心将逐渐移至计量批复工程款、审核变更洽商、现场签证、索赔鉴定等方面。而站在项目管理角度来看，如果希望在施工阶段造价处于安全可控状态，没有重大偏离发生，在项目实施之初就必须树立全过程全方位的风险防范意识，认真落实项目管理规划中的实施细则，运用综合管理手段，识别和规避各类造价风险，实现造价控制计划目标。

造价控制目标，并非独立于质量、进度目标之外的。它们之间有着密不可分的辩证关系。实施造价的控制，必然应综合考虑质量、进度、环境所带来的影响，单纯和孤立地进行造价控制只能是纸上谈兵。

影响造价的主要风险因素大部分来自于以下几方面：工程建设资金不到位、建设领域内国家宏观政策法规的调整、违法发包或分包、转包等违法违规行为、招标条件不充分、合同管理混乱、合同文件漏洞多缺乏约束，缺乏诚信履约意识、施工条件不具备而急于开工、材料人工市场价格波动、甲供材料设备进场时间不符合进度要求、工程质量或安全管理失误导致质量缺陷甚至责任事故、设计方案的调整、设计图纸深度不够、施工过程中设计变更随意、施工方法和工艺的变更、管理流程复杂低效而影响施工进度，等等。这里面有业主方原因，也有承包方原因；有可控因素，也有不可控因素。

为了将风险因素的识别和预控管理尽可能地前置，有效控制造价，在项目管理合同签订后，应注意以下问题。

（一）尽早建立并完善组织机构，监理部造价人员可提前介入，与项目管理部协同工作。选派的造价人员应与合同约定的服务阶段、范围及工作内容相匹配，并具有较强的风险管理意识。

（二）项目管理规划大纲和实施规划两级管理文件的编制是体现造价风险管理的关键工作，应发挥集体智慧，梳理并辨识各服务阶段风险因素，评估其风险等级。例如在施工招标阶段审查施工承包合同条件时，各专业分别对同一风险因素分析评估的分工示意如表1。

（三）项目实施过程中，应结合管理实施规划进行监督和自查，绝不可将管理文件"束之高阁"，不负责任地将编制与操作脱离开来。定时定阶段总结分析问题，进入 PDCA 循环管理，及时采取纠偏措施，并不断加以完善和补充，使管理文件发挥出真正的作业指导功能。

二、作为施工现场五方责任主体之一的监理方，在施工阶段发挥着重要作用，尤其是在工程质量控制，依法履行安全管理监理职责两方面为实现建设工程整体目标起到了保驾护航作用。在目前我国市场环境下，随着业主方需求的提升，建筑市场专业分工进一步细化，监理"三控"中的造价控制逐步弱化，

由更为专业化的造价咨询企业所替代。在项目管理与监理一体化模式下，如何发挥监理的现场管理优势，与项目管理服务相互融合、互为支撑，形成目标一致的"一体"，是值得深入探究的。在本项目造价控制工作中，就把下面几点作为重点来落实的。

（一）一体化模式的核心就是"一体"，资源共享，目标统一。由一家监理企业同时承担管理和监理任务，为一体化模式创造了先天优势。这种优势体现出管理矛盾小，工作界面少，工作效率高的特点。

为了防止管理与监理在实施过程出现各管一摊的"两张皮"现象，依据合同授权，由项目经理按照不同阶段的工作特点对管理部和监理部进行目标分解，两者侧重点不同，但目标一致，实行目标考核。在造价控制的实施规划中，明确了管理部侧重于设计阶段、招标阶段的造价控制，监理部可给予必要的技术配合，而施工阶段监理部侧重于审核工程量计量、变更管理、工程款支付审核、

形象进度与质量复核等工作，同时反馈控制成果。

例如甲供设备不能按计划进场，导致安装进度顺延，影响了其他工序不能如期施工，可能发生经济索赔。在风险分析中，此因素发生的概率较大，为共同预防索赔发生，管理部和监理部进行分工配合示意如表2。

（二）项目目标确定后，应结合监理在施工阶段的服务范围和特点加以分解。分解后的目标应体现在监理规划与实施细则中，并应在文件编制中增加与管理部协调配合的章节。文件中如何处置问题的具体措施办法应与项目管理文件相呼应，并配套细化，从而使管理、监理的指导性文件具有目标一致性、操作连贯性。

（三）在"一体化"共同目标下，树立团队意识和大局观念，建立通畅的沟通渠道，不断强化和完善管理与监理的协同配合关系，这是能否顺利实现服务目标的关键之一，绝不可忽视，否则事倍功半甚至失败。实际工作中应该体现出一切按照授权分工和工作流程来落实

表1

风险因素	风险等级	审查重点	管理部				监理部	
			合同	造价	质量	进度	造价	专监
承包方主体资格	V	符合招标文件，工程规模	●	○	●	○	○	○
承包范围	IV	符合招标文件；与工程量清单内容相符；与专业承包范围等界面划分明确	●	●	●	●	○	○
发包方代表或总监权限	II	符合招标文件，同时与现行法规无冲突	●	○	○	○	○	○
工期顺延	III	工期顺延的条件，确认程序符合招标文件，与其他相关合同有无矛盾	●	●	●	●	●	●
质量验收	IV	隐蔽验收、分部分项验收、竣工验收条件与程序符合现行规范	●	○	●	○	○	●
合同价款方式	III	符合招标文件，可调价款的调整条件和方法，调整程序等	●	●	○	○	●	○
进度款支付	III	支付条件（支付时限、形象进度、质量验收），支付比例，预付款抵扣等符合招标文件和现行法规，支付管理程序	●	●	●	●	●	●
竣工结算	IV	结算条件，结算依据，结算管理程序，结算文件组成等	●	●	○	○	●	○
设计变更	III	审批发送流程，书面要求，时限要求等；有造价调增的变更管理流程及要求	●	●	●	●	●	●

（●表示负责，○表示辅助）

表2

控制阶段	分工安排内容	管理部	监理部
招标（合同）阶段	合同文件设计技术参数、数量确认，生产及到货时间点、质量标准、设备价款与付款方式、现场配合条件等	●	○
	审查资质及工程业绩，实地考察生产商生产能力、质量管理能力等	●	●
生产阶段	预付款支付	●	○
	生产环节质量控制、生产计划、实际进度	○	●
进场安装阶段	实际进场时间、配套情况、开箱质量检验与资料复核、安装条件、成品保护	○	●

（●表示负责，○表示辅助）

岗位职责，一切按照制度考核，一切以为业主服务的基本原则。

三、在对本工程施工阶段造价控制的风险因素辨识中，施工组织设计以及施工方案审核的风险等级被评估为三级。施工组织设计是由项目负责人组织编制，企业技术负责人审批的组织单位工程施工全过程中各项生产技术、经济活动、控制质量、安全等各项目标的综合性管理文件，而施工方案则是由项目技术人员编制，项目技术负责人审批的指导分项、分部工程或专项施工的技术文件，这两级文件在现场施工中均发挥着举足轻重的作用。依据现行的法规和监理规范，这两级施工文件在完成施工单位内部审批程序后（除危险性较大工程之外），最终只要经过监理机构尤其是总监的签批后即可成为现场开展施工的依据。很多施工单位有意或无意在这些文件的编制过程中为日后调增费用或进行索赔埋下伏笔，所以监理部如何在审核过程中对造价风险实施预控的职能凸显出来。

在本工程的风险管理中要求，总监在组织监理部审查施工组织设计或施工方案时，不仅应按法规要求审查其内容是否符合工程建设强制性标准，还应对其中的造价风险因素进行基本识别与预控。尤其对以下几方面应重点关注，通过实践取得较满意的效果。

（一）审查施工组织设计前，总监首先组织监理部学习招投标文件，承包合同，施工图纸等资料，掌握本工程建设总体概况和建设目标等基本信息。随后会同合同、造价人员进行内部交底，指出风险管理的工作方向，确定已经辨识的风险因素，做好各专业审查的分工安排。为提高审查成效做好准备。

（二）利用首次工地会议（监理交底会）对施工组织设计和施工方案的编制提出具体监理要求，以防承包单位编制随意化而出现后患。说明报审时间、审批流程，编制内容应规范化，结合工程具有针对性，强调不得背离合同，不得擅自变更施工部署和施工方法的基本原则，对涉及造价风险因素的内容应要求描述全面。

（三）审查时首先关注是否总体符合合同文件，有无原则性偏离。包含施工管理目标（质量、进度、安全、环境等）与招标文件、承包合同的目标设定；审查编制依据中的法律法规的适用性，技术规范图集的有效性；核查施工进度计划、资源配置、划分流水段等内容时所在的分部分项工程量是否准确；施工进度计划的编排是否与合同目标一致，是否科学合理，注意大型垂直运输机械的数量、性能、位置，大型设备及甲供设备的进场时间、劳动力来源等进度风险因素；周边环境是否与现场实际一致。

（四）施工总承包范围和分包范围的界面划分是否符合合同，是否明晰具有可实施性，有无交叉重叠或未涵盖等问题。防止因界面划分问题各承包方发生扯皮推诿，最终导致造价增加。

（五）审查施工方法及工艺要求时，注意与工程量清单的项目特征描述有无明显出入。如有问题应由承包方澄清是否存在费用的调整。现场必须严格按审批后的方案组织施工，不得随意变更施工方法及工艺。确因工程变更、施工环境、优化调整方案等引起施工方案改变并导致措施项目发生变化时，承包方提出要调整措施项目费用的，应事先提交拟实施的变更方案，并详细说明与原方案措施项目相比较的变化情况。

（六）施工组织设计中应包含分部分项和专项施工方案的编制计划，并在施工前完成方案的编制审批程序。例如混凝土结构施工前，应就保证受力钢筋骨架空间位置和尺寸的支撑体系或措施钢筋编制专项方案，通过专门的设计来确定支撑体系或钢筋的外观、材质、数量、制作要求等，以满足施工质量和安全的需要。施工过程中严格依据方案进行隐蔽验收，留下验收记录和影像记录，为计算工程量做好基础工作。

近期国务院办公厅专门出台了《关于促进建筑业持续健康发展的意见》（国办[2017]19号），鼓励发展全过程工程咨询服务，为综合实力较强的监理企业的发展指引了方向。提供全过程咨询服务，必然要求现在的项目管理和监理高度融合，形成统一整体。本工程在项目管理与监理一体化的模式下，通过公司集中管理，尤其是造价控制从设计阶段、招投标阶段延续到施工阶段、结算阶段，形成了连续的造价控制管理链条，取得了较好的服务效果，为企业迈向全过程咨询服务积累了实践经验。

浅谈集团企业推行流程化管理过程中的监理配套工作

大连大保建设管理有限公司　马腾　吴浩

摘　要：当今的社会，已经进入了一个信息化的社会，建设工程的管理也已与时俱进，对一个工程全过程的管理不再是以往的老办法用嘴说，靠笔记录层层汇报的管理，而是通过流程化的管理将各方的信息数据加以汇总，对工程本身及相关各方的优劣得出结论。本文是笔者根据自身所监理的工程，结合业主采用的现场流程化管理谈一些个人的体会。

关键词：流程　流程化　流程化管理　项目管理

当前，好多大型集团公司都在推行流程化管理，如万科、新希望等，央企的好多上市集团企业也在积极全面推行流程化管理，流程化管理似乎是集团型公司发展的一种趋势。

新希望集团地产事业部目前也正在全面推行流程化管理，新希望地产大连新希望家园也成为新希望集团推行流程化管理的一个重点，我们大连新希望家园A区项目监理部也有幸被这种趋势卷裹进来。

第一部分

为了适应这种趋势，首先，必须要弄懂几个概念：流程？流程化？流程化管理？流程化管理和项目管理有什么不同、又有什么联系？

一、关于流程化管理

（一）什么是流程？在管理学上有不少解释。

流程是指一个或一系列连续有规律的行动，这些行动以确定的方式发生或执行，导致特定结果的实现。

流程是一种将输入转化为输出的相互关联和相互作用的活动。

在实际的管理中，对于流程也有很多种解释，概述起来即管理行动的路线，包括做事情的顺序、内容、方法和标准。

不管怎样解释，一个完善的流程都要有这样四个要素：顺序合理、内容全面、方法恰当、标准正确。

想要组成一个完善的流程，内容、顺序、方法和标准涵盖了全部的内容，只要缺少一项，都会使之前的行为功亏一篑。

（二）什么是流程化？关键在"化"字上。

一是指性质或形态改变。

二是用在名词或形容词后，表示转变成某种性质或状态。

"流程"是名词，那么"流程化"就成了动词，也就是通过"流程"转变成某种性质或状态。在管理学上就是"流程再造"的意思。

（三）什么是流程化管理呢？

流程化管理是指以流程为主线的管理方法。强调以流程为目标，以流程为导向来设计组织框架，同时进行业务流程的不断再造和创新，以保持企业的活力。

概念性的东西有了，就要研究特点，那么流程化的特点是什么？

流程化管理的特点：

1.流程管理最重要的特点是突出流

程，强调以流程为导向的组织模式重组，以追求企业组织的简单化和高效化。

2. 流程管理另一个重要特点是反向，即从结果入手，倒推其过程。这样它所关注重点首先就是结果和产生这个结果的过程，这意味着企业管理的重点转变为突出顾客服务、突出企业的产出效果、突出企业的运营效率：即以外部顾客的观点取代内部作业面方便的观点来设计任务。

3. 流程管理注重过程效率。流程是以时间为尺度来运行的，因此这种管理模式在对每一个事件、过程的分解过程中，时间是其关注的重要对象。

4. 流程管理将所有的业务、管理活动都视为一个流程，注重连续性，以全流程的观点来取代个别部门或个别活动的观点，强调全流程的绩效表现取代个别部门或个别活动的绩效，打破职能部门本位主义的思考方式，将流程中涉及的下一个部门视为顾客，因此将鼓励各职能部门的成员互相合作，共同追求流程的绩效，也就是重视顾客需要的价值。

5. 强调重新思考流程的目的，使各流程的方向和经营策略方向更密切配合。

6. 强调运用信息工具的重要性，以自动化、电子化来体现信息流增加效率。

二、流程化管理和项目管理的关系

对于项目管理，我们做监理的应该都很清楚。项目的特性具有一次性、独特性、目标的确定性、活动的整体性、组织的临时性和开放性、成果的不可挽回性等。

那么流程化管理和项目管理又是什么样的关系呢？在现代管理中，两者都是企业管理的非常重要手段，是相互支撑和相互依赖的关系。

业务流程为项目计划提供依据；项目管理本身也需要流程；流程审视优化也帮助提升项目管理成熟度水平。

从企业的角度来看管理，可以把企业工作分为两种类型，流程型工作和项目型工作。

项目型工作具有一次性和独特性，是通过项目管理方式完成的，包括项目

启动、规划、执行、监控和收尾这五个过程。

流程型工作具有持续性和重复性，这种工作需要按照事先设计好的流程来执行，以求获得企业需要的过程输出或终端输出。这就需要保证这些事先设计好的流程是科学可行的、动态维护的，并且要及时宣贯。包括设计发布、流程宣贯、流程执行跟踪、流程审视和优化等。

流程化管理也正是依据以上的这些概念和理论进行展开和推行的。对于建设方，其高层内部对于流程化管理是经过了长期筹划和精心准备的，他们同时既是当前的流程化管理大潮的弄潮儿也是流程化管理的推行者。

在这种潮流的势头面前，项目监理部是无法避开的，必然要迎头赶上，去接受这场大潮的洗礼。

第二部分

以下是站在项目监理部的角度来看流程化管理，以及在具体工作中如何适应和配合流程化管理。

新希望集团在推行流程化管理中对监理的要求：

一是按照流程化的方法对其所属项目进行管理，包括对项目监理部监理工作及其所属人员的管理，在流程的每个环节都要进行考核评分，对不合格者要进行处罚。

二是配合这套流程化管理，同样也会有益于监理在项目管理中找到新的定位和方法——流程化管理的监理模式。流程化管理的监理模式不允许同现有规范和标准发生冲突，同时对于增强监理企业竞争力还应该是十分有利的。

三是在现实操作中，项目监理部也需要配合建设单位来推行和配套这样的流程化管理，因为有许多是对监理的独立的考核评分，其中还有不少的关联考核，通过业主内部的绩效考评，把各关联方的工作业绩拧在一起，让每个利益相关方在考虑自己利益的同时必须考虑到其他相关方的利益。

作为项目监理，在实际操作过程中，为了能有效配合，为了把事情搞清楚，在具体配合动作之前，有必要对两个动因进行逐一分析与解释。

第一个动因，也是首先要解决的问题：从项目监理部角度看，什么是流程化管理？和开篇一样，必须先回答一些问题，搞清楚什么是流程？什么是流程管理？什么是流程化？

这次是站在操作的层面来对这些概念进行解构的。流程就是有组织的活动，相互联系，能为客户创造价值。把这个定义解构一下，可以看出流程的本质的东西。

1. 流程是一组活动，而不是一项活动，是由一项一项的活动组合而成的。

2. 在这组活动中，各项活动是有内在联系和逻辑关系的，结构紧密、相互联系，构成了有组织的活动。

3. 在流程中，各个利益相关方的活动必须保证在同一架构（如合同关系）下进行，围绕着流程的总目标（如合同目标）制定自己的工作内容。

4. 对于各利益相关方的执行人，在流程的每个环节的工作必须围绕同一的目标（即各环节／阶段上的目标，其核心是流程的总目标在环节／阶段上的分解），通过这个目标把这个环节的所有活动都链接起来，使各利益方作为同一个目标共同体，承担着共同的绩效考核，

同时受奖或受罚，从而使各利益方在流程的各个环节上不能只是关注自己的任务完成与否，更要关注环节目标的完成情况。

5. 流程的考评指标是效用，流程服务的对象是客户，流程的功能是创造价值，所以为客户创造有价值的效用，这是它的最终目标。

这些是流程的定义和流程的原理，通过解构，我们可以对新希望家园项目的流程管理这样理解：

1. 新希望家园项目是一组系列活动，在施工阶段，这组系列活动包括：第一次工地会议、设计交底、基础施工、主体施工、配套工程、竣工验收，等等；这些组还可以细分成若干个小组活动，每个小组活动在按照工作过程或工序，还能分解成一项一项的活动单元，每项活动单元都对应着具体的工作合格的考评指标。

2. 这些活动单元在工序（或工作过程）这个环节上找到了结构点，可以说工序（或工作过程）就是流程活动的内在联系和逻辑关系的结合部（也构成了流程的最基本环节），因为质量上的最小划分单元和造价上的定额项目的最小单位项目都是集中在工序这个环节上，所以质量指标和经济指标（如其中支付、竣工结算等）就得到了完整的统一，在这个环节上的目标也就得到落实了。

3. 项目的利益相关方都有哪些？新希望家园项目的利益相关方，也就是新希望家园地产开发有限公司作为建设单位和与之签订合同和协议的各方当事人，所有的当事人的活动都应该保证在合同关系这个架构下，围绕合同目标制定自己的工作内容。

4. 各利益相关方的执行人（如业主代表、承包商项目经理、监理单位项目总监等）要有统一的意识，都要在流程的每一环节上有一个统一的时间节点（进度计划节点）、统一的质量标准（如国家的标准规范、设计文件、图集）、统一的检查评价依据（包括评分方法）、统一的绩效考评、统一的奖罚措施和标准……所以各利益相关方的执行人在制定自己的工作内容和进行工作安排时，都要谨慎从事、都要把环节上的目标搞清楚、都要以环节目标为共识，把各方的在同一环节上活动相应的链接起来，形成一个利益共同体，为着统一的目标展开各自的工作。

5. 从新希望家园项目这个角度，最终的客户是谁？是将来的购房人，是房子的消费者。从这个角度，站在一个社会的公众高度来讲话，会很有说服力和正义感！所以各利益相关方都要在这个大的格局下服务于各自的客户对象作为监理，我们的直接客户对象就是新希望地产开发商——大连新希望家园地产；那么我们的直接目标就是为它创造有价值的效用，如果没有达到指标要求，那就是负效用。

那么，什么是流程管理？

就是各个合同相关方如何在管理上适应流程，在各个流程环节上、流程节点上，做好流程赋予自己的工作，担负起相应的责任，履行合同约定，按流程完成合同规定的义务。

在实际操作中，合同的约定和流程规定的任务（或要求）是对等的，相互之间不存在排斥和对立。

例如：在项目管理的施工阶段，基本上都整合在工作过程和工序这个层面上，检查评分的内容和标准与国家的

标准规范、设计图纸、合同约定等的要求是一致的，同时与施工档案的批、项、部也是一致的，并且要求与施工验收同步。

有了流程、流程管理，那么，流程化又是什么？

流程化，就是对我们当前的现行组织结构体系进行改造，并将其纳入到流程管理的架构内。

我们现行的组织结构一般有这么几种：直线式、职能式、矩阵式。而且，不管我们选择哪一种组织结构形式，总是有些与之相配套的流程。在现实的管理中，这些配套的流程，似乎成了一种摆设，没有几个是真正按照流程走的！

例如：职能式用得最为广泛，这种形式的组织结构的核心思想是：将一项工作分解成一系列的任务，各任务都相对简单，便于操作，然后交给一系列部门和一系列相应的人来完成各自分配的

任务，从而形成了各个控制层次——职能层。这种模式的严重弊端在于，把一项完整的工作分解成一块一块的，每个职能部门（或部门管理人员）只管完成自己分内的任务，而不去关心整个流程的效果，也没有人去对全流程负责，使一个完整的流程被导入成支离破碎，使流程被淹没、被隐藏、被忽视，造成了整个组织的绩效难以考评，所以组织的绩效也就出了问题。

那么，这个问题出在哪儿？是组织结构中职能部门的人的问题，还是流程本身有问题？应该不是人的问题！我们感到部门的人天天忙得团团转，就是感觉没什么结果，更谈不上效率。其结果就叫瞎忙，没有头绪。流程本身有问题吗？也不是，同样的流程，在一些成规模、配套好的公司里发挥的效用就好，而在一些规模差、配套差的公司发挥的效用就不好。问题实际上是出在流程化的定位上。流程的核心关注点是客户（这一点与现代的市场营销的核心观念是一致的），流程化的定位就应该是客户需求。

流程化就是要树立全流程意识，紧紧盯住客户的需求。客户的需求是流程的始点，也是流程管理的核心点，并且在每个流程环节上都要得以体现，渗入到各环节的目标中。这个目标又是统一的，围绕这个目标，利益相关方就会形成目标共同体、责任共同体、绩效共同体，最终形成利益共同体。这时的流程就同化成为各利益方的共同载体，流程管理就成为各相关利益方共同遵守的、可以实现各自约定利益的手段，流程化就得以实现了。

第二个动因：就是要把这些理念放到具体的监理工作中，用来指导具体的

监理工作。这是要结合业主的流程化管理，盯住业主在每个流程环节上的具体指标，把握整个流程的关注点，搭建一个项目总目标明确的平台，使得各利益相关方都得以在这个平台上沟通、讨论、研究、制定和明确流程的各个环节目标，既实现了利益相关方相互间的理解、尊重，又使得业主的绩效考核得以顺利展开。与此同时，就会与业主形成相对稳定的利益共同体，使得相互间的信任值达到最大化，业主的价值效用最大化也就得到了保证。

想要做到这一点，对我们每个专业监理人来说，必须学会用"两只眼"看流程，一只眼时刻盯着本环节和下道工序，另一只眼时刻盯着业主的需求。这时，流程化也就融合进了我们监理的具体业务和具体控制指标上，也就有了可操作性。

这就要求项目监理部的每一个成员要有个清楚的认识：面对流程化管理，对监理人员的素质有哪些方面的要求？

流程化管理到了全面推行阶段，也就是说到了操作层面，每个控制点都已经细化到了工作过程和工序这个层级。因此，我们的监理人员就要相应地熟悉和驾驭这个层级上的管理指标和控制方法，要具备这个层次所要求的技术水平和管理能力，同时还要清楚下道工序是什么，有哪些工艺要求和技术准备。

在整个流程控制上，各专业监理都要有全流程观念，提前做出监理策划，各专业监理还要密切相互配合，使整个流程贯穿始终，同时还要保证监理目标与业主目标同步展开。

只有做到这样，监理才算是适应了流程化管理的需要，才能把项目管理和流程化管理真正融合到一起。

企业危大工程管控的标准化思考与研究

上海建科工程咨询有限公司　罗秀梅

摘　要：从企业管理的角度，开展危险性较大的分部分项工程（以下简称危大工程）标准化管理思考与实践，提出了危大工程管理的六个环节，以及项目层级、公司层级的标准化管理措施；对降低较大以上事故的发生，提升企业的安全管理效能起到了示范作用。

关键词：危大工程　标准化　企业管理

近年来建设工地安全生产形势严峻，通过分析2014~2016年住建部公布事故及较大以上事故的发生情况，其中坍塌事故44起、起重伤害20起，因此基坑工程、钢结构工程、模板支架工程、大型起重机械等危大工程属于管控的重点。

以住建部关于印发《危险性较大的分部分项工程安全管理办法》的通知（建质[2009]87号）、上海市《危险性较大的分部分项工程安全管理规范》（DGJ 08-2077-2010）、《建设工程监理施工安全监督规程》（DG/TJ 08-2035-2014）为指导，结合项目的实践以及企业安全管理的需求，现对企业危大工程管理中采取的标准化建设思考和实践总结如下。

一、项目部危大工程管控步骤与流程

（一）危大工程识别

1. 项目开工前应督促施工总承包单位进行危大工程的初步识别。

2. 项目部实施过程中应月度确认核查在施工、拟施工的危大工程，对识别清单进行更新维护。

3. 危大工程的识别应结合设计图纸的相关技术指标及施工工艺的流程安排。尤其是高支模工程部位的识别，防止专家论证的高支模方案不能包含现场所有危大工程部位。

（二）危大工程资料管理

建议按每一项危险性较大的分部分项工程单独编制分册，可形成管理台账（见表1），具体内容包括：①专项监理实施细则（危大工程）；②专项施工方案报审表及附件；③施工单位报审的危大工程安全管理资料；④危大工程巡视检

2014~2016年较大及以上安全事故发生次数

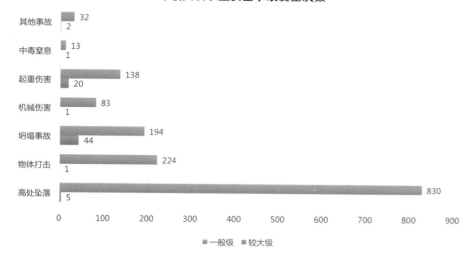

查记录；⑤危大工程告知、指令及回复、复查记录；⑥危大工程质量验收资料。

● 根据87号文件第十七条，对于按规定需要验收的危大工程，施工单位、监理单位应当组织有关人员进行验收。如基坑支护工程应形成验收资料。

● 根据87号文件第十七条，危大工程验收合格的，经施工单位项目技术负责人及项目总监理工程师签字后，方可进入下一道工序。如悬挑脚手架验收资料、模板支撑架体验收资料等均需项目总监签字。

（三）危大工程安全专项方案审核

危大工程施工作业前，项目监理机构应审查施工单位报送的专项施工方案，并按照以下方法进行审查。（无施工方案，现场施工，属禁止行为）

根据87号文件第十四条，施工单位应当严格按照专项方案组织施工，不得擅自修改、调整专项方案。如因设计、结构、外部环境等因素发生变化确需修改的，修改后的专项方案应当按87号文件第八条重新审核。对于超过一定规模的危大工程的专项方案，施工单位应当重新组织专家进行论证。

1. 程序性审查

施工单位应当在危大工程施工前编制专项方案；对于超过一定规模的危大工程，施工单位应当组织专家对专项方案进行论证。

审核流程：先单位审核、论证、修改后审批，时间不得倒置；施工单位技术负责人审批前应经本单位技术、安全、质量部门进行审核。

方案是否经施工总包单位企业技术负责人或其书面授权人审批，施工总包单位企业技术负责人是否与总包单位资质等级证书副本上技术负责人或变更后技术负责人相一致，审批时间是否在变更

后；施工总包单位企业技术负责人的书面授权人是否与授权书上被授权人相一致，审批时间是否在被授权时间后。

根据住建部《危险性较大的分部分项工程安全管理办法》（建质[2009] 87号）第八条规定，实行施工总承包的，专项方案应当由总承包单位技术负责人及相关专业承包单位技术负责人签字。如附着式整体提升架、爬模施工方案、深基坑施工方案审批均应包含专业承包单位技术负责人签字。

2. 符合性审查

1）方案中的内容是否符合强制性条文。

2）方案编制依据的版本是否是最新版本。

3）方案中的主要内容是否涵盖了87号文件第七条专项方案编制中所要求的七项，方案编制应包括以下内容。（一）工程概况：危险性较大的分部分项工程概况、施工平面布置、施工要求和技术保证条件。（二）编制依据：相关法律、法规、规范性文件、标准、规范及图纸（国标图集）、施工组织设计等。（三）施工计划：包括施工进度计划、材料与设备计划。（四）施工工艺技术：技术参数、工艺流程、施工方法、检查验收等。（五）施工安全保证措施：组织保障、技术措施、应急预案、监测监控等。（六）劳动力计划：专职安全生产管理人员、特种作业人员等。（七）计算书及相关图纸。

3. 针对性审查

涉及专业性内容的审核，应由专业监理负责。主要审核要点（以钢管扣件式高支模为例）：①超规模部位与设计图纸核对，是否有遗漏，如地下室人防的口部大梁。②针对具体部位的验算，搭设

要求是否明确；专家论证范围包含所有涉及的高支模部位，不得有缺失。③模板支撑基础承载力的计算。④纵向、横向水平杆等受弯构件的强度和连接扣件的抗滑承载力计算；立杆的稳定性计算；连墙件的强度、稳定性和连接强度的计算；立杆地基承载力计算。⑤节点附图。⑥电梯井部位混凝土顶板的封板施工用模板支架。⑦叠合梁部位浇捣方式。

根据《建设工程监理规范》GB/T 50319-2013，对于超过一定规模的危大工程的专项施工方案，项目监理机构签署审查意见后应报建设单位项目负责人批准。

（四）专家论证的相关要求

● 专家论证范围：

1）87号文件规定的超过一定规模的危大工程。

2）上海市《危险性较大的分部分项工程安全管理规范》规定的需要专家论证的范围。

3）其他采用非常规设备的使用，如葫芦吊等。

● 会议组织：

1）专家组：深基坑工程的专家组成员不得少于7人；起重机械中使用非常规起重设备、装卸设备和装拆方法作业的，专家组成员不得少于3人；其他需经专家组论证审查的，专家组成员不得少于5人。

2）参会人员：根据住建部《危险性较大的分部分项工程安全管理办法》第九条规定，除专家组成员外，建设单位项目负责人或技术负责人；监理单位项目总监理工程师及相关人员；施工单位分管安全的负责人、技术负责人、项目负责人、项目技术负责人、专项方案编制人员、项目专职安全生产管理人员；勘察、设计单位项目技术负责人及

上海市《危险性较大的分部分项工程安全管理规范》增加的论证范围		表1
大型机械	起重量300kN及以上的起重设备安装工程	可能涉及下列机械设备： 1.架桥机等自行式架设设施的拆装 2.行车（龙门吊）拆装 3.塔式起重机（移动式、附着式）拆装 4.外用电梯（人货两用电梯） 5.物料提升机（龙门架、井字架） 6.盾构机
隧道（大型顶管）工程	隧道工程； 土体冻结法施工工艺； 逆作法施工工艺； 暗挖法施工工艺	

相关人员等四类人员应参加专家论证会。如现场附着式整体提升架、爬模和深基坑工程的专家论证会，设计单位项目技术负责人也应参会。注意参会人员应与投标、合同、报审或变更人员相一致。

3）论证意见的处置：专家论证意见是否已逐条得到回复落实。注意有的地方规定，回复意见需要专家组组长签认。

根据87号文件第十二条，施工单位应当根据论证报告修改完善专项方案，并经施工单位技术负责人、项目总监理工程师、建设单位项目负责人签字后，方可组织实施。如，悬挑脚手架专项方案经过专家论证后的修改方案应经施工单位技术负责人、项目总监、建设单位项目负责人签字，才能进行搭设施工。

（五）安全专项监理细则的编制

● 及时性：根据安全监理方案中初步确定的编制计划，及时根据施工现场进度，进行安全专项监理细则的编制。并做好内部交底工作。（无监理细则，现场已施工，属禁止行为）

若现场施工与原审批方案已存在不一致，应关注变更手续的合法性，并及时修正监理细则。

● 针对性：内容涵盖本项目的专业工程施工内容；明确关键控制点，如高支模的监理细则编制应明确关键部位的高支模搭设要求。

涉及专业性的施工内容，应由项目总监组织相关专业监理工程师、安全监理一起编制。

● 操作性：制定相应的检查措施，明确检查要求，能指导现场监督管理；内部分工安排落实到人。

（六）施工前的安全技术交底

1. 专项施工方案实施前，编制人员或项目技术负责人应当向现场管理人员和作业人员进行安全技术交底，并作好交底记录。监理单位应收集交底记录，并留存。

2. 参加人员：施工班组所有参加作业的人员必须参加；交底人必须包括方案编制人与项目技术负责人。

1）安全技术交底应包括下列内容（参照JGJ 311-2013）：①现场勘查与环境调查报告；②施工组织设计；③主要施工技术、关键部位施工工艺工法、参数；④各阶段危险源分析结果与安全技术措施；⑤应急预案及应急响应等。

2）监理工程师参加专项技术交底，并提出施工单位及专业班组重点控制内容，如"脚手架工程"：①钢管质量必须符合规范规程或方案计算要求。②各杆件搭接及螺栓拧紧度必须符合《建筑施工扣件式钢管脚手架安全技术规范》(JGJ 30—2011)规定。③凡进场搭设人员必须具有架子工操作资格证书，才能上岗作业。

（七）危大工程现场巡视检查

项目监理机构应对危大工程的作业情况加强巡视检查，根据作业进展情况，安排巡视次数，但每日不应少于一次，并填写《危险性较大的分部分项工程巡视检查记录》。

危大工程的巡查应覆盖当日现场涉及的所有危大工程，并与安全监理日志中记录的危险性较大的分部分项工程作业进展情况一致，相互形成索引。记录中提出的问题，应有整改封闭记录。

在施工过程中项目监理部安排专职安全监理人员或专业监理工程师，定期或不定期地对施工过程进行巡视检查。如"脚手架工程"主要检查：

1. 施工单位专职安全人员是否到位。

2. 脚手架搭设人员是否持证上岗、安全带及安全帽是否正确佩戴。

3. 支撑搭设工艺是否符合规范及专项方案要求。

4. 施工过程是否违章作业。监理人员发现有违章作业及违规行为给予及时制止。对于不及时整改的由总监理工程师下发监理通知，要求施工单位整改。对拒不整改的，征得业主同意后，由总监理工程师下发停工令，及时召开专题会议解决有关事项。

5. 监理部配备力矩扳手，定期或不定期对螺栓紧固力矩进行检验，扭力矩不符合要求时及时督促施工单位整改。

（八）危大工程管理流程

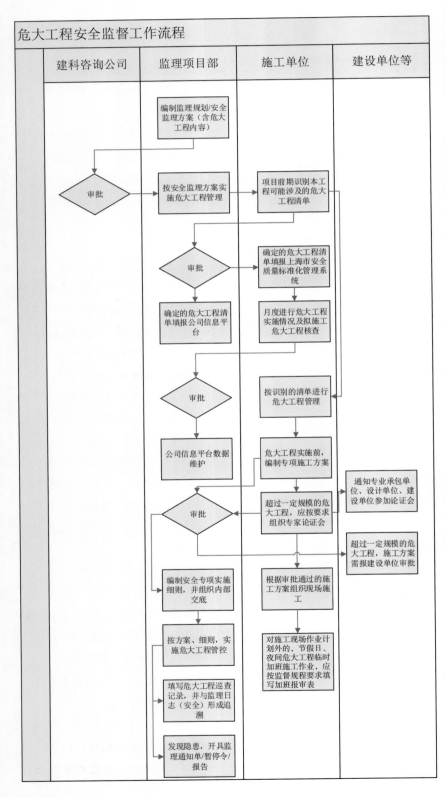

（九）问题环节

以 2017 年上半年对事业部检查项目中 16 个涉及危大工程的项目检查情况进行了分析，从辨识确认等六个环节发现主要存在问题：①巡查与验收；②监理细则；③监理指令；④辨识确认。

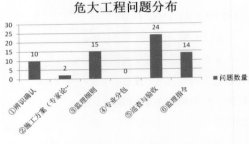

危大工程问题分布

根据项目的巡查情况，结合危大工程的管理要求，事业部针对危大工程的管理改进，提出了标准化管理措施。

二、企业标准化管理措施

（一）项目部

1. "项目危大工程信息"上墙

"上墙"即所谓公示，昭告天下，形成项目部安全文化，全体员工的危大工程意识。危大工程不仅是安全监理、总监应该重视的，应得到项目部全体人员的关注。同时也便于大家的自我监督。

2. 监理日志、月报随时填报，不断对标管理，实现自我纠偏

根据公司监理日志、月报的填写要求，首先需要对当日、当月的危大工程施工情况进行总结，可以减少大家对危大工程识别的缺漏，或是过程管控未按照危大工程管控的要求进行，做到日日、月月惦记危大工程，不断对照危大工程的管理标准，实现个人管理、项目管理的自我纠偏。

3. 建立项目部《危大工程安全监理一览表》，举纲目张

将危大工程安全监理工作的相关的要求进行台账管理，一目了然。方案、论证、细则、巡查、验收实施情况。

4.细化项目验收节点，加强过程管控，以钢管扣件式高支模验收管理为例

1）将过程的巡查，形成制度化的要求，便于监理工作的跟踪，以及现场发现问题的整改情况追踪。

2）将高支模的常见通病，如钢管对接在同一断面、剪刀撑缺等问题消灭在前期，减少因先天缺陷，后天弥补的不足，造成架体带病浇筑混凝土带来的风险。

（二）事业部层级

1.危大工程施工事前控制

危大工程施工前，要求项目部填报《危大工程施工告知单》，提交事业部；以高支模为例，明确高支模系统类别、危大工程施工起止时间、高度、跨度、集中荷载、线性荷载超标的部位及施工时间，有利于重点关注。

根据项目部填报的《危大工程施工告知单》，事业部建立《高支模危大工程（风险管控）总控表》，动态跟踪项目的危大工程施工情况。表中标注危大工程实施里程碑节点，进行进度提醒（见表2）。可及时准备了解项目的危大工程实施情况。同时事业部在制定月度项目巡查计划时，也可以更有针对性，检查到位时间点更准确。

2.明确事业部危大工程跟踪节点

根据住建部87号文件规定的五大类危大工程，事业部进行了危大工程实施关键风险点的识别。要求项目部在该节点，及时告知事业部，提请事业部为项目进行技术支撑。

超规模危大工程重中之重

方案审查：针对超规模危大工程，实施前，项目部将危大工程专项方案报事业部技术质量部，安排专业人员进行审核，提供审核意见与建议。

过程管理：事业部将组织危大工程的专项交底与实施条件检查。过程中由事业部专业序列人员对项目进行跟踪服务。

三、总结

在各级政府管理部门对危大工程不断加码的情况下，伴随着《住房城乡建设部办公厅关于进一步加强危险性较大的分部 分项工程安全管理的通知》的出台，建设参建各方均要切实加强危大工程安全管理，齐抓共管，采取有效措施防范和遏制建筑施工群死群伤事故的发生，才能真正确保建设工程的安全生产，保障社会和谐稳定。

事业部危大工程跟踪节点（首件、超危大）　　表2

深基坑工程	基坑支护、降水工程	围护（地下连续墙深度30m以上）、降水运行（承压水）
	土方开挖	5m以上基坑开挖（2/3、到底）
模板工程及支撑体系	高支模	超高、跨度、总荷载(厚板)、集中荷载（大梁）
	工具式模板	滑模、爬模、飞模（高度100m以上首次爬升条件验收）
	承重支撑体系	钢结构工程用满堂支撑体系（单点集中荷载700kg以上）
起重吊装及安装拆卸工程	起重吊装	非常规设备（起重量1T以上），最大起重量
	利用起重机械进行安装的工程	双机抬吊、钢结构等吊装
	起重设备安装、拆卸	安装（起重量300kN以上）、顶升、拆除（高度200m以上内爬起重设备拆除条件验收）
脚手架工程	落地脚手架	每四层一次验收（搭设高度50m以上）
	悬挑脚手架	每挑验收（架体高度20m以上）
	爬架	提升高度150m以上（首次爬升条件验收）
	电梯井脚手架	结构施工、电梯安装
	满堂脚手架	承重脚手架
	其他异形脚手架	
	移动操作平台	双拼等超大面积的
	落地卸料平台	
	悬挑卸料平台	
	吊篮	非标吊篮
拆除、爆破工程	爆破工程	粉碎性爆破
	拆除工程	房屋拆除、基坑支撑拆除
幕墙工程	幕墙安装	施工高度50m以上
钢结构、网架和索膜结构安装	钢结构安装	悬挑部位、大构件吊装（构件单次吊装重量50t以上）、跨度大于36m
	网架和索膜安装	跨度大于60m
预应力工程		首件
人工挖孔桩		深度超过16m
地下暗挖、顶管工程、水下作业		
四新		

项目协同服务系统助力项目管理

陕西中建西北工程监理有限责任公司　申长均

摘　要： 项目协同服务系统（PCSS）是将项目协同服务理论应用于项目建设的具体实践。本文进一步明确了项目协同服务的概念。讨论了项目协同服务系统的组成。明确了项目协同服务系统要构建协同型项目组织，通过项目各方工作，发挥协同型组织的互促、主导、协同、自组织效应，形成参建方多方共赢的项目建设局面。项目协同服务系统是围绕人的行为，依托微信、项目信息和计划体系开发的。提出建设单位管理有序和工程进度计划的动态调整是项目协同服务系统的序参量，构建项目协同服务系统要以问题为导向，各参建单位领导重视全面介入，持续更新的信息流是项目协同服务系统有效运行的保障。

关键词： 项目协同服务理论　项目协同服务系统　信息流　项目管理　协同型组织

项目协同服务理论是在协同学、系统论、传统项目管理等理论的基础上，结合多年项目管理经验，于2015年总结提出的。结合项目协同服务系统（PCSS）软件的开发，2015年12月开始进行了最小可行性产品（MVP）测试，2016年3月在公司数十个监理项目上推广试用了监理功能。试用项目中，监理人员的作用和地位发生了较大的变化；部分施工单位项目经理已开始使用项目协同服务系统管理施工管理人员；建设单位借助项目协同服务系统，一线管理人员工作作风有较大变化，项目决策效率有明显的提高；项目协同服务系统在项目现场发挥了应有的作用，实现了其理论构想。随着使用，迭代更新了许多问题，坚定了对项目协同服务系统的信心。现将项目协同服务系统构建过程中的一些做法和想法，总结出来与大家共享，共同促进我国项目管控水平的提高。

一、项目协同服务系统（PCSS）

项目协同服务系统 PCSS（Project Coordination Service System）基于项目协同服务理论，是结合我国现行建设工程管理体制，以项目建造全过程为研究对象，以项目现场为中心，以参建单位个人履职和参建组织履行合同约定的服务义务为基础；以现场信息为纽带，以项目存在问题为导向，建设单位主导作用明确，参建单位协同工作，互促效应、协同效应和自组织效应明显，组织和跨组织内外部沟通、协调通畅，参建方共赢的跨组织协作系统。

二、协同型项目组织

采用项目协同服务理论，围绕项目建造全过程构建的，以建设单位为主导，主要参建方共同参与的跨企业项目组织称为协同型项目组织。其主要特点是：职责分工明确，跨组织结构一体化；项目组织扁平化，管理层次减少；项目真实信息持续不断流入，沟通公开通畅，激发项目参建方积极履职；项目管理难度降低，执行力大幅提高。

构成项目组织的参与单位有建设单位、管理（代建）单位、监理单位、设计单位、勘察单位、造价咨询单位、招标代理单位等多个企业驻项目的工作机构，项目组织不是单一的企业组织，也不同于跨组织机构，它是各建设功能企业在项目中的代表机构的联合体，代表参建企业行使合同约定的责任和义务。

分析各项目机构的职能，实质上就是决策、监督和实施。即项目建设过程中的——决策者、实施者和监督者。决策者——定事，在项目上的建设单位（业主）及其服务咨询单位（设计、勘察、造价、代理、代建、管理等）；实施者——做事，在项目上是施工单位（承包单位），负责具体工作的实施；监督者——找事，项目上的监理机构，代表业主监督施工单位把工作做好。三个角色代表不同企业的利益诉求，通过合同联系在一起的，共同实现建设单位的建设目标。建设单位是项目建设的发起者，建设标准的制定者，起决策和主导作用。

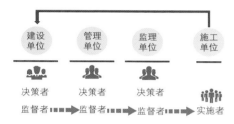

协同型项目组织就是在项目实施过程中，以各方履行合同义务为宗旨，围绕项目共同工作，互相服务，互相制约。决策者定事，实施者干事，监督者找事，强调各自履职。项目协同服务系统是在三个角色构成的协同型项目组织当中，用找事者的信息，推动项目信息透明，督促各单位角色履行合同，个人履行岗位职责，各单位在实现自己目标的同时，共同完成项目建设目标。协同型项目组织改变了传统项目管理的指令式管理方式，为实现多方共赢创造了更为有利的条件。

三、项目协同服务系统的组成

项目协同服务系统以易营智能计划和易营工法库为主线，由易营项目指挥、易营建设、易营监理、易营施工、易营管理和易营其他服务子系统组成。项目协同服务系统提供的不是传统企业信息化表单式方案、OA 系统方案，而是专门针对项目如何高效运作，各参加方如何高效协同的管控方案。

项目协同服务系统通过决策、实施、监督三个角色在项目中的具体工作，采集数据建立统一项目数据集成平台，将项目信息与各企业信息化系统实现数据互通，补充完善传统企业信息化系统中项目信息不真实、数据不充分的问题，结合传统 OA、视频监控、会议系统等，可形成监理企业、管理企业、施工企业、建设企业项目信息化一体解决方案。

目前投入运行的项目协同服务系统产品有：智能计划、监理、管理和监理企业项目信息化解决方案。

项目协同服务系统的构成图

工法库指导工作和EPLAN任务派发及反馈流程图

EPLAN计划动态调整流程图

1. 智能计划（EPLAN）系统

计划是项目管理的主线。智能计划系统是项目协同服务系统的子系统，是一个目标明确、动态调整，可预警、可建议、可落地的计划系统。除了常规的编制计划、匹配资源和调整计划的功能外，智能计划系统与协同服务系统共同工作，能将实施计划分解为任务，分发给项目不同角色，适时反馈任务完成情况和参建单位各级管理人员工作完成情况，并对计划进行动态调整。

智能计划系统（EPLAN）以项目目标计划（参与方共同遵守）为准绳，指导各参建单位编制分解计划和实施计划（周计划），将实施计划中需作业的任务通过项目协同服务系统分解给相关岗位责任人，系统会提醒督促该责任人在工作中对任务跟踪；智能计划系统根据项目协同服务系统的现场执行信息反馈，与实施计划进行对比，将实际与计划存在的偏差及延误的作业面进行通报预警，达到实时控制进度风险的目的。

软件会定期对比分解计划与目标计划，通过算法找出威胁目标计划执行的

EPLAN延误作业面预警流程图

问题工作，进行预警，提醒各方加大对该项问题工作的管理和关注，以保证目标计划的实现。如确实无法完成，则要求各方对目标计划进行调整，以达到计划可控。以此为循环，始终保持现场实施计划与分解计划的基本一致，分解计划与目标计划基本一致，做到"计划即现场，现场即计划"。彻底改变传统项目管理中计划与现场脱节的现象。

智能计划系统每天会在项目协同服务系统中通报没有按分配任务进行跟踪工作的管理人员，促进项目管理人员有效履职。每周汇总各方管理人员在系统中的工作数据并通报，便于项目管理人员的自律和他律。

2. 参建单位项目机构子系统

各项目机构子系统包括与项目建设相关的建设、监理、管理、施工和其他服务机构子系统，都是由各自不同的工作平台和协同平台组成。目前已投入施工的仅有监理和管理子系统及项目协同平台。

工作平台：项目协同服务系统的工作平台实质上是参建单位项目现场机构的履职平台，根据各参建单位项目管理人员工作职责构建。将各级项目管理人员的工作流程化、标准化、信息反馈实时化、个人行为透明化。

项目管理人员完成每项工作会得到一定的积分，将原来不易量化的管理行为量化，KPI绩效考核与积分挂钩，并在内部公开，促进业主、施工、监理等项目参建单位各级管理人员有效履职。

协同平台：分为内部平台和多方管理平台

内部平台是项目机构内部沟通交流的扁平化平台，由项目主管领导、责任工程师、资料员等全体项目管理人员组成。平台内通报的是：所有管理人员的工作信息、内部会议信息、内部文件编制提醒信息、未达到工作要求的提醒信息等。将各级管理人员的日常工作状态都体现在内部协同平台中，各级管理人员的行为在组织内部透明，全体人员可以在内部平台中沟通交流。

多方管理平台，是项目各参建方沟通交流，反映项目进度、问题、真实状况和管理的平台，进入平台的有建设单位、施工单位、监理单位、管理单位等参建单位的各级管理人员。多方管理平台以各参建单位管理人员采集的项目真实信息为引擎，将项目现场真实透明的进度、质量、安全、管理信息，通过项目管家发送到多方管理平台，消除各单位、各层级的信息阻塞和失真。项目协同服务系统中通报的工程信息有：不满足进度计划的作业面，即时质量问题、安全问题，质量安全问题闭合信息、隐蔽验收信息，验收信息、材料进场验收信息、监理旁站信息、夜间加班监理巡视信息、多方会议纪要、每日项目快讯等与项目现场相关的信息。

多方管理平台是项目信息池，各参建单位信息交互的场所，是项目协同服务系统发挥作用的重要载体。持续不断的现场真实信息在多方管理平台中的交互流动，是项目从混沌走向有序的重要保障。

3. 工法库

工法库是指导不同阶段各参建项目机构工作的知识积累。不同工作阶段，不同工序、不同单位都会有不同的工作要求，项目协同服务系统工法库与计划体系相结合，在推出工作时，会将与该工作相关的技术要求、各方应做的工作推出，便于组织经验的积累、学习和提高。

监理工作平台主要功能及与绩效量化

持续不断的现场信息流推动协同平台运行

四、项目协同服务系统的作用

项目协同服务系统通过协同型项目组织的建立，确认了项目建设过程当中各参建方目标不一致的合理性，将传统的决策单位与施工单位间的管理与被管理关系、监理单位与施工单位的监理与被监理关系，明确为合同履约的权利义务关系。在合同的约束下，各方以围绕项目建设应做的具体事项开展工作。项目协同服务系统除了在工作平台上对各参建单位人员的履职行为进行了梳理和管控外，在协同平台上，重新规划了项目各参建方沟通、协调的场景和方法。解决了项目信息获取、处理和传递中产生的信息孤岛、信息阻塞和信息失真问题，能将项目真实状况反馈到项目业主及参建方各层级人员面前，有利于决策者及时正确决策，减少项目决策失误风险。发挥协同型项目组织的四个效应：协同效应、互促效应、自组织效应和主导效应，最终实现 1+1>2 参建方多赢的效果。

协同效应：协同效应分为内部和外部两种情况。单位内部通过内部平台信息透明形成的整体效应，叫内部协同效应；各参建单位间在多方管理平台上，由共用信息项目信息形成的整体效应，形成了跨组织协同效应。

互促效应：项目协同服务系统中，信息交流的多方管理平台是开放的，平台

中的信息都是要经过三方的印证和相互制约。传统信息化系统的信息采集没有经过分体验证或同体验证，在传递过程中还会产生长鞭效应，信息会失真，甚至可能被有意歪曲、屏蔽，造成一线人员和领导得到的信息不对等。项目协同服务系统的信息与传统封闭的信息化系统不同，平台上的项目信息与其他人员或单位都有关。多方管理平台中的现场进度、质量、安全等信息，是由监理（代建或管理）单位人员在工作过程中收集的，规避了施工单位上报信息的屏蔽和扭曲；监理单位所报信息如果与现场不符，施工单位会及时提出，建设单位也会印证监理单位出错了，这样多方印证，保证了现场信息的真实；系统自动通报计划与现场的偏差，影响工程进度的决策因素会自然而然地曝光，进而加快决策进程，并约束建设单位的主导和决策行为。这种以智能计划为龙头的项目协同服务系统在运行过程中，将项目参建各方履职情况透明化，任何一方或一人很难再一手遮天，促进了现场问题的解决，这种效应我们称之为——互促效应。

自组织效应：面对项目真实信息，各参建单位在没有其他单位的指令下，会自主采取行动，解决自身影响工程的问题，具有内在性和自生性的特点，所以叫做自组织效应。自组织效应是项目协同服务系统的最重要功能之一，发挥参建单位自组织效应是软件开发的重心。

主导效应：更确切地说是决定效应。序参量是协同系统有序的关键因素，项目建设中，业主的组织管理就是项目协同服务系统中的序参量之一。业主主导工程建设的全过程；掌握项目向有序结构演化，主宰项目演化的全过程，为了便于理解，姑且称之为主导效应。

信息真实是互促效应的基础，协同效应和自组织效应是项目协同服务系统运行的动力，主导效应是项目有序的关键。

五、项目协同服务系统的特点

项目协同服务理论并没有颠覆传统项目管理理论的基础，而是对传统项目管理理论的创新和发展。项目协同服务系统构建的协同型项目组织，由参建方共同参与，既是各参建方独立工作的子系统，也是一个开放的、交互的大系统。

1. 围绕人的行为进行开发

项目协同服务系统的工作平台是围绕项目人的行为进行开发的，收集的是员工独立的碎片化信息，与传统信息化系统的构建方式有根本的不同。系统将参建各方工作人员的工作标准化，开发成不同的功能模块，不同岗位人员匹配不同的功能模块。人员将工作情况直接记录在手机上，工作信息在系统内自动汇总，形成个人每天的工作记录。本单位所有项目人员的工作记录，自动汇总成项目日志草稿，整理审批后形成项目日志（业主项目日志、施工日志、监理日志），以此形成周报、月报，最终形成完整的项目建造过程记录。

2. 依托"微信"构建

"微信"是用户最多的即时通信工具，项目协同服务系统的开发依托"微信企业

工作标准化

现场信息化

组织协作

人员提升

工作平台围绕项目人的行为开发

号"，不用新装 APP，加入系统的员工只要关注企业号，就能进入所在项目。工作平台界面清晰明了、一目了然，看到图标就能摸索进行工作，不用集中部署培训，快速上手。利用微信构建的内部平台和多方管理平台，看上去是两个微信群，但其通报的信息除了少量的交流信息外，是通过项目协同从工作平台中收集和整理出来的信息。参建单位各级人员从两个群中获取与自己有关信息，组织本单位工作。

3. 信息是系统的"血液"

根据系统学原理，信息是"脱离了载体的属性"，即信息来源于属性，但已非属性。针对项目而言，信息来源于项目现场，信息与其原属性最大的差异在于信息已"脱离"了载体，它成了一个"新事物"，可以有自己的属性，可以被表征、被传输、被存取，也可以被变换、被复制，做技术上的处理，可能失真甚至可能被扭曲。有大量的实践证明，很多项目失败是因为信息失真、沟通交流失败造成的。

项目协同服务系统构建的是一个具有耗散结构性质的远离平衡状态的开放系统，如果缺乏项目现场真实信息的流入，其本身就会处于孤立或封闭状态。在这种状态下，无论项目的原始状态如何，项目将呈现"死寂"状态，项目将失控，不能有序运行。只有富含"氧气"（项目

真实信息）的新鲜"血液"不断地流入系统机体，项目本身各"系统功能"（参建单位）才能有效发挥作用，保证机体活力，自发地从混沌状态转变为有效状态。

项目管理的难度和复杂度实质上来源于信息的繁杂和失真。

信息是项目协同服务系统的血液

4. 智能计划和项目管家共同协作推动项目有序进展

智能计划系统（EPLAN）是项目协同服务系统（PCSS）的子系统，专注于项目建造过程中的工作计划、跟踪与调整，形成计划、任务、执行、反馈、调整、报表的项目工作管理闭环体系。

以实施计划（周计划）为入口，通过特有的"计划－任务"方式，将由计划分解的任务通过项目协同服务系统的项目管家推送给干事的（施工单位）、找事的（监理单位），以利于施工单位安排工作，监理单位监督工作的进度、质量、安全。施工单位和监理单位反馈的带图文的真实信息汇总到系统以后形成项目履职信息，信息通报到多方管理平台，便于各方采取不同

措施，履行合同约定义务，必要时对目标计划进行调整。智能计划和项目管家共同协作推动项目有序进展，以此为循环，解决制约项目问题，推动项目有效进展。

5. 淡化目标一致，强化各自履职；淡化管理，强化服务

协同服务理论没有强求各参建方目标一致，更关注参建各方实现自身目标和各自合同利益的实现，正确面对项目参建方由于目标不一致产生的互相制衡、组织关系紧张、工作效率低下等现象。将传统项目管理中单位间的管理和被管理关系，强化为各参建单位按合同履约的服务关系；将单位内部上级对下级的管理，强化为员工的按岗位履职；淡化目标一致，强化各自履职；淡化管理，强化服务。在项目现场形成目标明晰、责任落实、执行力强，能充分发挥各参建单位作用的跨组织协作组织。

六、采用项目协同服务系统应注意的问题

项目协同服务系统从理论和实践上对传统项目管理进行了重新梳理，特别是以项目上管理人员的工作行为作为信息采集端，将传统项目管理中各方人员粗放、随意、没有监管的工作行为转变为规范、可控、有计划的履职行为，是对传统项目管理的重大创新。项目协同服务系统的使用，会引起原有管理人员的不适应和反弹，通过一年多的实践，在构建项目协同服务系统中一定要注意以下问题：

1. 各参建单位项目第一责任人一定要参与到项目协同服务系统中

建设、施工、监理单位的第一负责人是最清楚本单位建设目标的；第一负责人参与到系统中，与现场同步掌握项目现场真实

情况、存在问题和协同方需求，有利于资源调派和高层沟通，实现各自目标。另外，系统中的信息在协同平台中经三方共同验证，避免单方仅听自己下属汇报所产生的信息阻塞和屏蔽现象，有利于做出正确决策。第三，各单位第一负责人加入系统，对本单位人员是一种督促和威慑作用，责任人看到信息平台中与自己履职有关的问题信息，会迅速采取行动，解决问题。

2. 要以问题为导向

项目实现过程，就是项目过程中问题的解决过程。好的项目管理，一定要以问题为导向，项目协同服务系统没有例外。一定要树立"只要工程在实施就一定会有问题"的意识，发现问题，才能解决问题，项目才能顺利推进。所有参建人员，一定要树立问题意识，鼓励发现问题、解决问题；各参建单位都有自己的质量、安全、进度保障体系，还往往问题不断，其实质是信息问题。项目协同服务系统的协同平台和工作平台，充分考虑了个人心理、社会心理和组织行为，力图通过系统设置克服传统组织医不自医的弊端，通过协同型项目组织的其他单位信息协同，发现自身问题。监理单位人员履职过程中提出施工单位存在的问题，施工和建设单位对监理单位行为进行监督，用进度问题带来业主决策和施工安排问题，互相交互、互相制约、互相帮助，促进项目问题的解决，提高项目决策效率。

如果项目负责人不愿意面对问题，特别是建设单位主要领导面对问题动辄得咎，项目各方均不敢反馈问题，项目协同服务系统将缺乏与项目现场的真实信息交流，项目各参建单位便会处于孤立或封闭状态。在这种状态下，无论项目初始状态如何，项目有序结构将会破坏，

项目呈现出一片"死寂"状态，项目管理将会失控，项目协同服务系统将失去其应有作用，不能发挥多方共赢的效果。

3. 建设单位和进度计划是项目能否顺利实施的关键因素

哈肯在协同论中，阐述了慢变量支配原则和序参量概念，认为事物的演化受序参量的控制，演化的最终结果和有序程度决定于序参量。不同的系统序参量的物理意义也不同。序参量的大小可以用来标志宏观有序的程度，当系统是无序时，序参量为零。当外界条件变化时，序参量也变化，当到达临界点时，序参量增长到最大，此时出现了一种宏观有序的有组织的结构。项目协同服务系统中建设单位和进度计划的动态实施是协同系统中的序参量，只有建设单位管理有序，进度计划动态调整，整个项目管理才能呈现出有序、有组织的结构，施工才能顺利，工作才能有效。

4. 监理单位应成为项目真实信息的"生产机器"

在构成现场管理的三方中，建设单位是决策者，处于主导优势；施工单位是做事的，相对劣势，自己施工，一般不愿意提出存在的施工问题，更不敢过多提出建设单位的决策问题；监理单位为建设单位服务，没有实体成果，表现监理价值的就是施工过程中的管理和资料。

项目管理实质是按照管理者的既定目标实施的一种控制，常常只是一种信息，是一套方案、一个策略、一个措施，或者说是一个决策。项目协同服务系统是项目管理解决方案，要依赖信息推动。监理人员在现场认真工作，发出的各类信息，通过项目协同平台，交互到建设单位、施工单位、监理单位各级领导和管理人员的手机上，将影响工程建设背后的问题全面曝

光，促使项目进入有序状态。合格的监理单位应当成为项目真实信息的"生产机器"，促进协同型项目组织的有效运行。

系统的使用会改变现有管理体系中监理不能有效履职的现状，有效发挥建设管理体系中监理的作用。

七、小结

项目协同服务系统面对的项目比传统项目管理面对的项目更真实，更符合实际。越是开放的项目、复杂的项目，项目协同服务系统越能发挥其效能。

经过一年多的实践，项目协同服务系统中监理的使用改变了多年来监理工作的表现形式，监理工作实现了五个"转变"。将监理人员在现场无约束的相对自由状态，转变为能即时体现工作的在线状态；将传统的会议、电话、见面交流，转变为项目真实信息的实时体现；将传统各参建单位封闭的孤岛状态，转变为开放互通状态；将传统上下级信息传递的屏蔽、扭曲状态，转变为相互监督的真实状态；改变了传统项目中监理人员的履职方式，将监理人员从可有可无的尴尬地位，转变为项目问题的发现者、跟踪者，监理人从此成为项目管理的策动者。

公司在项目协同系统使用过程中深切体会到，建设单位的支持、主要领导的参与、以问题为导向，信息的及时更新是保障项目协同服务系统有效运行的重要保障。

参考文献：
[1] 〔德〕赫尔曼·哈肯.协同学—大自然构成的奥秘.凌复华译.上海：上海译文出版社，2002.
[2] 申长均.协同、项目协同与项目协同服务系统.中国建设监理与咨询，2017/1 75～78.
[3] 高隆昌.系统学原理.科学出版社，2010.

论监理向项目管理的拓展与把控

湖北华隆工程建设监理有限公司　牛焕功　程力凡　徐家继

我国监理制起源于项目法人责任制和与国际惯例接轨。

为建立投资责任约束机制，按照"产权明晰、权责明确、政企分开、管理科学"的现代制度进行工程项目管理，国家计委于 1996 年 3 月发布的《关于实行建设项目法人责任制的暂行规定》计建设 [1996]673 号，要求"国有单位经营性基本建设大中项目在建设阶段必须组建项目法人""由项目法人对项目的策划、资金筹措、建设实施、生产经营、债务偿还和资产的保值增值，实行全过程负责"。正是由于建设项目法人责任制要求全过程负责，故作为为建设工程管理服务的监理制也应是全过程监理。然而，因各种客观原因，至今我国监理制仍然主要停留在工程建设施工阶段。从而在建筑业逐渐产生并流行一种观点，认为监理制不能完全满足建设项目法人责任制全过程监理的要求。这也导致了作为企业，监理自身难以做大做强并产生监理人员流失的困局。

顺此观点，当建设行政主管部门出台有关鼓励工程建设实行全过程项目管理文件后，少数有条件的监理企业大都先后进行了有关向项目管理的拓展，以实现所谓回归工程全过程监理初衷的尝试。

新常态下，许多监理企业大都会产生跟进的紧迫愿望，急于从《建设工程项目管理规范》GB/T 50326–2006 和《工程项目管理导则（试行）》（中国工程咨询协会编写 2010 年 3 月）等规范文件中找捷径，但得到的往往是一些关于项目管理较为宽泛的概念。如项目管理主体和层次包括项目单位、施工单位、项目管理服务单位及各级政府有关部门，各方就工程项目建设策划、决策、勘察、设计、融资、采购、施工、监理、竣工验收、投产运营各阶段对各自负责的工程项目投资建设活动实施（行政）管理等。基本上都是对 2004 年建设部《建设工程项目管理试行办法》（建市 [2004]200 号）中，关于工程勘察、设计、施工、监理、造价咨询、招标代理等单位都可从事工程项目管理活动等规定的"名词解释"。至于对强制监理前提下究竟应如何正确看待、认识及准确把握、介入、开展项目管理等问题，显然就只能由监理企业和总监等监理从业人员在各自的项目管理实践中得出自己的答案了。问题是面对现实，围绕业主（建设单位）利益最大化开展项目管理往往会成为监理企业彼此竞争的不二选择。任

其成风，假以时日，强制监理所赋予监理企业与总监等监理从业人员的社会责任意识，就极可能在以市场经营为主导的局面下慢慢淡漠于无形。

本文试图站在监理角度，从监理在我国建设工程管理中的产生、发展、定位以及近年项目管理的兴起，进而结合中建监协相关倡导等，明确作出较为符合我国目前建设领域实际风险管理状况的相关结论，并以之作为监理同行之间的建言献策。

众所周知，随着 20 世纪九十年代商品经济的发展和投资主体多元化的产生，以及全面开放建设市场的形势不断增强，我国原有工程建设活动基本上由建设单位自己组织、自行管理的方式，已逐渐难以适应，加上国家基本建设规模的进一步扩大和工程合同制、法人制等法制化建设进程加快，迫切需要对既有基本建设体制加以改革，并按国际惯例与国际建设市场接轨。正是在这种时代大背景下，经过 1988~1992 年的准备与试点，1993~1995 年的稳步发展和 1996 年至今的全面推广，特别是以 1997 年 11 月 1 日全国人大常务委员会通过的《中华人民共和国建筑法》第三条规定"国家推行建筑工程监理制度"，

明确确立了工程监理的法律地位，也标志着我国工程基本建设管理体制的正式形成，即项目法人责任制、招标投标制、合同管理制和工程监理制四大核心制度的建立（《中华人民共和国合同法》和《中华人民共和国招标投标法》分别于 1999 年 3 月 15 日与 8 月 30 日经全国人大常务委员会通过）。这个管理体制是为建设领域建立规范合格的市场主体形成的，即要形成合格的项目法人（买方）、承包单位（卖方）和监理单位（中介方）。如今天强调的工程建设五方责任主体（建设单位、勘察单位、设计单位、施工单位、监理单位）即都围绕此展开。

相对以上工程监理制在内的宏观层面上的国家建设项目管理框架，在微观层面上的社会化建设项目管理服务体系建设方面，就有 2003 年建设部《关于培育发展工程总承包和工程项目管理企业的指导意见》（建市 [2003]30 号）、2004 年建设部《建设工程项目管理试行办法》（建市 [2004]200 号）及 2008 年住房和城乡建设部《关于大型工程监理单位创建工程项目管理企业的指导意见》（建市 [2008]226 号）等文件加以推行与完善。其中，也无不透露出政府通过鼓励监理企业承担建设工程前期项目管理工作，达成对工程建设全过程有效控制的战略意图。毕竟，对于较单纯的工程项目管理企业而言，监理企业和总监等监理从业人员的各种建设管理行为都是要严格受到强制监理制规范和约束的，都是要履行其社会责任的。

随着《建设工程监理规范》GB/T 50319-2013 将建设工程勘察、设计、保修阶段的项目管理服务范围和内容列入其附录 A 中，以及在 2014~2017 年中国建设监理协会组织编写的《建设工程监理概论》（第四版）中，专门增加了第九章的内容，阐明了建设工程项目管理的三种方式：

1. 建设工程勘察、设计、保修阶段服务。

2. 总监负责制下建设工程监理与项目管理一体化。

3. 项目全过程集成化管理。

正如前述，有条件的监理企业大都纷纷开展各种形式的项目管理作为拓展自身业务的一项重要内容加以涉及，这丰富了我国微观层面上的社会化建设项目管理服务市场。但监理企业以什么方式介入建设工程项目管理，不论是在承揽项目管理业务还是在规避相关责任风险方面，是会产生很大不同效果的。

本文特别推崇中建监协大力提倡的第二种方式——总监负责制下建设工程监理与项目管理一体化模式，并认为是我国监理企业介于建设工程项目管理最为恰当的方式。因为，该模式一方面有利于将项目管理纳入总监负责制下开展，进而对确保我国宏观层面上国家基本建设管理制度的有力落实，即对项目法人制、招标投标制、合同管理制和工程监理制的全面执行，是十分有利的。如监理通过工程建设前期的较早介入，便于防止与克服目前尚大量存在的压缩合理工期、抢任务、不按规定履行法定建设程序大搞"三边"工程及转包、违法分包、以包代管的发生。更便于配合 2014 年 6 月中国建设监理协会组织编写的《工程监理制度发展研究报告》中所指出的，"政府监管应抓住关键点，逐步由市场准入为主向事中事后监管为主转变。多年来，政府管理部门将大量的监管精力放在工程勘察、设计、施工、监理等参建方，而对于工程建设管理的核心——建设单位却缺乏有效的监管手段。对于大部分政府投资工程，项目法人责任制未能得到落实，从而使政府监管绩效大打折扣。为此，应通过完善法律法规、创新监管等方式，落实建设单位的项目管理责任，完善以建设单位为核心的工程建设管理责任链条"等工作。另一方面，该模式还具有避免同一项目存在两家不同企业分别进行项目管理和监理造成的管理职责重叠、降低工程效率、增加交易成本之弊。同时，该模式是 2003 年建设部培育发展工程

项目管理企业以来，最符合国情也是最为成功的一种模式，从目前建筑市场上一些项目公示的招标投标情况看，此模式已初步得到社会的认同。

而在具体采用总监负责制下建设工程监理与项目管理一体化模式时，对如何确定服务内容，如何在招标阶段、设计阶段组织相关设计和顾问单位明确招标工程范围、界面划分、技术要求及约定相关顾问方合同义务、设计单位与专项设计单位（幕墙、弱电、装饰、人防、景观等）相互职责划分，如何建立合理的项目组织构架等，都是关系到监理能否准确地切入项目管理以及能否做到事半功倍的关键问题，可充分借鉴中建监协2012年《注册监理工程师继续教育培训必修课教材》（第二版）第七章典型案例相关内容进行。

对《建设工程监理概论》（第四版）所述另外两种建设工程项目管理方式——建设工程勘察、设计、保修阶段服务与项目全过程集成化管理，前者由于涉及的专业性较强，工程实践中往往由第三方专业顾问公司承担的比较多；后者因涉及的因素较多，如项目策划、招标代理、造价咨询等，且情况较为复杂，不易为总监理工程师全面把控，故在监理工程实践中也较少出现。如在2016年7月6日住房和城乡建设部发布的《住房城乡建设事业"十三五"规划纲要》中的相关表述：为"发挥勘察设计在工程建设中的先导和灵魂作用""鼓励引导工程勘察设计咨询企业发挥技术优势，开展项目前期咨询、工程设计、施工招标咨询、施工指导监督、工程竣工验收、项目运营管理等覆盖建筑工程全生命周期的一体化服务。鼓励促进大型企业向具有工程项目咨询、工程总承包、项目管理和融资能力的工程公司或工程设计咨询公司发展"，并"推行工程全过程造价咨询服务，更加注重工程项目前期和设计阶段的造价确定"，应"强化工程监理制度，科学合理界定强制监理范围，以市场化和国际化为导向，引导工程监理服务主体和服务模式多元化，鼓励龙头企业通过兼并重组等方式做大做强，推动中小企业提高技术服务水平。进一步发挥工程监理在保障工程质量中的作用……"

对监理人员，特别是项目总监理工程师来讲，应在准确理解的基础上，高度重视中建监协提倡的总监负责制下建设工程监理与项目管理一体化模式所带来对监理能力与素质的要求，该模式是指工程监理单位在实施建设工程监理的同时，为建设单位提供项目管理服务，过程中仍然实行总监理工程师负责制。在总监理工程师全面管理下，工程监理单位派驻现场的机构下设工程监理部、规划设计部、合同信息部、工程管理部等开展工作。很显然，作为总监要加紧学习项目管理相关知识与理论，以进一步培养打造自己作为工程复合型人才的各种专业素养，以适应新工作模式的要求。但本文特别想指出的是：总监始终要清醒地认识到，所谓社会化项目管理服务毕竟是要以能为业主（建设单位）带来效率和价值为前提的，否则，业主（建设单位）是不会让你去为他搞什么项目管理的。而强制监理制则要求总监必须以国家与社会利益为重，严格执行国家基本建设程序，阻止压缩合理工期、抢任务、不按规定履行法定建设程序大搞"三边"工程及转包、违法分包、以包代管的发生，以确保工程建设的质量与安全。二者在工程实践中有时是难以很好地契合与统一的。凡遇此类，总监只能是以强制监理制所赋予的责任与风险为重，结合具体工程实际通过自己卓有成效的工作，真正让该模式有利于合同双方及国家基本建设程序的要求，也只有这样，方能显示出对非总监负责制下单纯工程建设项目管理的"制度性"优势。这里，针对我国现阶段建筑市场风险特点及总监理工程师知识结构不太完备、综合实践能力比较欠缺的情况，本文认为有关建设行政主管部门可以充分借鉴2014年6月中国建

设监理协会组织编写的《工程监理制度发展研究报告》中所述："新加坡要求工程结构方面的咨询工程师必须具有8年以上的工程设计经验"，鼓励并大力倡导有实力与远见的监理企业引进相关专业注册人员，担任一体化监理与项目管理总监。

另外，上述总监负责制下的一体化监理与项目管理，只能是在总监作为复合型人才所具备的专业知识构成与水平、经验及能力内开展方为有效，否则从风险管理的角度看，当项目管理所涉及的专业性等过于偏离总监自身知识储备与经验积累时，项目管理往往可能会出现失控进而影响到其监理职责的正常履行，需十分警惕。对此，除了加强监理单位人才战略的实施，建立完善有关制度显得尤为关键与重要，千万不要因为总监在项目管理活动中的某些欠缺，何况本来也许就是违法违规者有意为之所致，而采取简单图省事的办法处理，如让总监只管监理部分，而将项目管理部分安排其他人员负责；或更有甚者，在工程项目实施中通过所谓考核业主（建设单位）满意度之名，直接将项目管理置于监理之上。如此一来，必然会导致总监理工程师难以正常履职尽责，强制监理也形同虚设，进而给工程带来巨大的质量与安全风险。凡此种种，如熟视无睹，任其产生发展下去，则不仅会逐渐改变总监负责制下监理与项目管理一体化模式的本质和初衷，同时也势必影响到监理行业的健康发展，最终将会给我国工程监理制带来不必要的伤害。

值得监理行业高度重视的是，作为1949年新中国成立以来第一次以中共中央、国务院名义发出的安全生产方面的纲领性文件，2016年12月18日《中共中央国务院关于推进安全生产领域改革发展的意见》指出"当前我国正处在工业化、城镇化持续推进过程中，生产经营规模不断扩大，传统和新型生产经营方式并存，各类事故隐患和安全风险交织叠加，安全生产基础薄弱、监管体制机制和法律制度不完善、企业主体责任落实不力等问题依然突出，生产安全事故易发多发，尤其是重特大安全事故频发势头尚未得到有效遏制"。首次提出党政主要负责人是本地区安全生产的第一责任人。并明确了"到2020年，安全生产监管体制机制基本成熟，法律制度基本完善，全国生产安全事故总量明显减少，职业病危害防治取得积极进展，重特大生产安全事故频发势头得到有效遏制，安全生产整体水平与全面建成小康社会目标相适应。到2030年，实现安全生产治理体系和治理能力现代化，全民安全文明素质全面提升，安全生产保障能力显著增强，为实现中华民族伟大复兴的中国梦奠定稳固可靠的安全生产基础"的我国安全生产领域改革发展的战略目标。

同时，在2017年2月21日《国务院办公厅关于促进建筑业持续健康发展的意见》国办发[2017]19号及2017年3月3日《住房城乡建设部关于印发工程质量安全提升行动方案的通知》建质[2017]57号中，都反复明确"进一步完善工程质量安全管理制度和责任体系，全面落实各方主体的质量安全责任，特别是要强化建设单位的首要责任和勘察、设计、施工单位的主体责任。"

对此，大力推进总监负责制下建设工程监理与项目管理一体化，完善全过程工程监理，对杜绝类似2014年北京市海淀区清华大学附属中学体育馆与宿舍楼工程"12·29"重大生产安全事故及2016年江西省宜春丰城电厂三期扩建工程"11·24"特别重大事故的发生，提高我国建设工程风险管理能力，实现我国安全生产领域改革发展的战略目标，无疑具有十分重要的现实意义！

值本文投稿时，恰住房和城乡建设部为落实2017年3月3日《住房城乡建设部关于印发工程质量安全提升行动方案的通知》建质[2017]57号相关精神，于2017年4月下发《关于开展工程质量监理报告制度试点的工作意见（初稿）》，强调为建立健全引逼机制，充分发挥监理企业的工程质量管理作用，高效快捷的实施政府监督管理。以北京市、上海市、重庆市、吉林省、山东省、湖北省、四川省为试点地区，开展工程质量监理报告的试点工作。力争在2018年年底之前，建立和完善工程质量监理报告制度，落实监理报告各方主体责任。对此，向项目管理拓展的监理企业，尤其是一些只顾围绕业主（建设单位）利益最大化开展项目管理的监理企业都应给予高度的重视。

地下综合管廊建设的PPP项目风险管理

厦门港湾咨询监理有限公司　章艺宝

摘　要：城市地下综合管廊基于我国正处在城镇化快速发展、地下基础设施建设相对滞后的大背景下被政府推出，而采用PPP模式来建设和运营地下综合管廊被视为此类项目投融。地下综合管廊PPP项目因集中在城市地下区域进行建设，存在一些特殊的风险，这些风险因素对于社会资本投资范围确认、项目设施建设、项目投入运营等会产生较大影响。因此，政府如能在招标文件中充分揭示风险，明确合理且具体的风险分配规则以及有效的风险控制措施，对于充分调动社会资本参与热情，吸引社会资本投标以及保障项目顺利落地实施具有积极意义。

关键词：地下综合管廊　综合管廊PPP模式　综合管廊PPP风险

一、项目基本情况

城市地下管线建设，如同城市的"里子"。在重点项目开工月里，十堰作为全国十个地下综合管廊建设试点城市之一，在全省率先启动地下管廊建设。首条综合管廊项目位于十堰市郧阳区滨江新区沧浪大道，管廊总长51公里，造价35.5亿元，成本预算每公里7000万元，设计使用年限可达100年。因此，对参建单位综合实力、各专业管理人员要求很高。

本项目建设单位：十堰和中国建筑股份公司；设计单位：上海市政工程设计研究总院十堰办事处；监理单位：厦门港湾咨询监理有限公司；施工单位：中国建筑股份公司（中建三局），项目建成后，包括电力、雨水、热力、通信等在内的九条管线将会全部进入廊体。

二、地下综合管廊建设的 PPP 模式探讨

地下综合管廊产生的效益虽然很高，在我国发展也有二十多年的历史，但是并没有大规模的建设，主要有以下两方面原因：

1. 资金成本巨大

建设地下综合管廊与传统的管线铺设方式相比，地下综合管廊的前期一次性建设费用比传统直埋形式的建设成本高出近一倍，后期的运营管理费用也高，且收益模式不明确。

2. 缺乏法律监管

长期以来，我国市政管线已经形成了独立建设、独立管理的格局，这种模式与传统的直埋方式相适应，但对地下综合管廊则要求管线能够统一规划、统一建设、统一管理。我国对管线单位

开挖道路暂未有严格的法律限制，且对地下综合管廊的建设和管理的法律法规也不健全，对于产权归属、成本分摊、费用收取等与管廊运营直接相关的重要问题都没有规定，并无强制规定要求管线单位必须采用公共管廊埋线，这也造成了管线单位"各自为政"自行铺设的局面。而刚出台的《指导意见》要求各行业主管部门和有关企业要积极配合政府做好管线入廊工作，并且为不入廊者设置审批屏障，这便极大地保障了地下综合管廊建成后的有效性。

地下综合管廊属于市政基础设施。从PPP的角度看，如果要确保投资人的合理回报，需要考虑建设成本、运营成本与管廊收入的平衡。从地下综合管廊的项目特点及现金流量分析，由于城市综合管网建设前期需要大量资金的投入，而向用户——水、电、煤气等运营企业收取的租用费用不宜过高（否则运营企业没有动力进入综合管网），故我们认为，使用者（管线单位）付费不足以覆盖地下综合管廊的建设成本，地下综合管廊项目属于使用者付费及政府提供可行性缺口补贴的准经营性项目。

根据我们在PPP项目中的操作经验，地下综合管廊建设若采用PPP模式运作，可以通过以下几种模式进行：

1.BOT模式（建设—运营—移交）

在BOT模式下，政府与社会投资人签订BOT协议，由社会投资人设立项目公司具体负责地下综合管廊的设计、投资、建设、运营，并在运营期满后将管廊无偿移交给政府或政府指定机构。运营期内，政府授予项目公司特许经营权，项目公司在特许经营期内向管线单位收取租赁费用，并由政府每年度根据项目的实际运营情况进行核定并通过财政补贴、股本投入、优惠贷款和其他优惠政策的形式，给予项目公司可行性缺口补助。

其中，项目公司向管线单位收取的租赁费用可以包括两方面：一是管廊的空间租赁费用，如电力单位等管线铺设专业性要求较高的，可以租用管廊的空间，自行铺设和管理管线；二是管线的租赁费用，如供水、供热等单位可直接租用管廊内已经铺设好的管线进行使用，由项目公司进行维护和管理。具体模式如图1所示。

2.TOT模式

对于政府现有的存量项目，可以采用TOT模式进行运作。在TOT模式下，政府将项目有偿转让予项目公司，并授予项目公司一定期限的特许经营权，特许期内项目公司向管线单位收取租赁费，并由政府提供可行性缺口补助，特许期满项目公司再将管廊移交与政府或政府指定机构。具体模式与BOT类似。

3.BOO模式（建设—拥有—运营）

在BOO模式下，政府与社会投资人签订BOO协议，由社会投资人设立项目公司具体负责地下综合管廊的设计、投资、建设、运营，政府同时授予项目公司特许经营权，项目公司在特许经营期内向管线单位收取租赁费用，并由政府向其提供

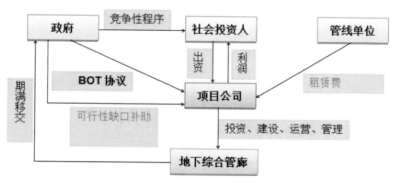

图1　BOT模式

可行性缺口补助。特许期满后地下综合管廊的产权属于项目公司所有，项目公司可以通过法定程序再次获得特许经营权，或将管廊出租予其他竞得特许经营权的经营者。

4.BLT模式（建设—租赁—移交）

在BLT模式下，政府与社会投资人签订BLT协议，由社会投资人设立项目公司具体负责地下综合管廊的设计、投资、建设，建成后由项目公司租赁与政府或其指定实体，由政府负责经营和管理，政府向项目公司支付租赁费用。租赁期满后，项目公司将管廊移交给政府或政府指定机构。具体模式如下图2所示。

在国务院最新规定出台之前，BLT模式有其适用空间。但在最新的政策环境下，如果出租给政府，政府收取入廊费，则和现有的规定冲突。

三、地下综合管廊PPP项目的风险类别

（一）社会稳定风险

1.重大项目在开展前期工作时应对社会稳定风险进行调查分析

根据国家发展改革委《关于印发国家发展改革委重大固定资产投资项目社会稳定风险评估暂行办法的通知》（发改投资〔2012〕2492号）规定，项目单位在组织开展重大项目前期工作时，应当对社会稳定风险进行调查分析，征询相关群众意见，查找并列出风险点、风险发生的

可能性及影响程度，提出防范和化解风险的方案措施，提出采取相关措施后的社会稳定风险等级建议。

2.社会稳定风险等级

重大项目社会稳定风险等级分为三级：

（1）高风险：大部分群众对项目有意见，反应特别强烈，可能引发大规模群体性事件。

（2）中风险：部分群众对项目有意见，反应强烈，可能引发矛盾冲突。

（3）低风险：多数群众理解支持但少部分人对项目有意见，通过有效工作可防范和化解矛盾。

（二）项目审批风险

地下综合管廊项目审批风险包含两类：

1.项目PPP模式审批风险

项目PPP模式审批风险，指管廊项目未经或未按照规定程序开展PPP模式准备阶段工作。如未按照规定提供或提供虚假的物有所值和财政承受能力论证/验证报告，管廊项目实施方案未经政府审批等。

2.项目建设审批手续风险

项目建设审批手续风险，主要指新建管廊项目未经或未按照规定程序开展项目建设手续的申报及批复，如无项目可行性研究报告、节能评估、环境影响评估、用地预审、水土保持方案等。

（三）土地获取风险

由于地下综合管廊是指在城市地下用于集中敷设电力、通信、广播电视、给水、排水、热力、

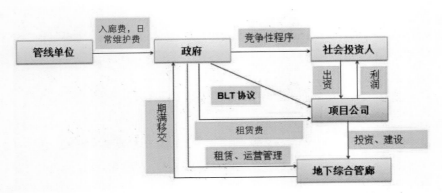

图2　BLT模式

燃气等市政管线的公共隧道，项目的建设必然会涉及项目用地问题。

但是，无论是项目用地的取得方式，即应当以"招拍挂"、协议出让、划拨还是租赁方式取得；还是项目用地的取得主体，即由项目实施机构负责或项目公司／中选社会资本方负责取得项目土地使用权，目前PPP项目合作各方对于上述问题的认知及实操做法各异，由此便出现地下综合管廊项目如何取得土地使用权的风险问题。

（四）项目融资风险

1. 融资交割风险

由于地下综合管廊项目的投资体量、投资周期较长，并且政府采用PPP模式初衷在于减轻地方政府负债、平滑政府财政支付，所以通常地下综合管廊项目均要求社会资本具有雄厚的资信能力，保障项目能够通过各种融资渠道、方式获得足够的资金。但如项目在执行阶段，社会资本／项目公司因各种原因未完成融资交割或未按约定足额融取资金，便出现项目的融资风险，造成项目建设难以为继。

2. 利率及通货膨胀率变化风险

此外，地下综合管廊PPP项目在进入运营期后，由于运营周期较长，在此期间会发生诸多的不确定性因素，而针对项目投融资方面，社会资本方面临的最大风险因素在于基准利率、通货膨胀变化。基准利率作为融资的衡量杠杆，如果该等指标出现较大幅度的变化，无疑会造成融资成本的增减；通货膨胀无论是在项目融资层面，还是对于投资者投资收益回收层面均产生重大影响。

（五）管廊建设风险

地下综合管廊PPP项目的建设风险分为两类：

1. 管廊适宜建设性风险

管廊适宜建设性风险，是指未充分考虑管廊建设的经济可行性、社会效益可行性而径行确定项目规划选择、建设区位所带来的不确定性风险，表现在未充分考虑项目所在道路运输繁忙程度、交通流量情况、新区与老区等因素。

2. 管廊工程建设风险

管廊工程建设风险，是指项目在建设中存在的成本或工期延误、施工技术不当、分包方违约、工程质量、工地安全、劳动争议及罢工、环境破坏等形成的风险。

（六）原材料供应风险

地下综合管廊项目无论是现场混凝土浇筑，还是预制件施工，均会涉及大量钢筋、混凝土等原材料消耗，因此，在项目实施过程中会产生原材料供应风险，如原材料断货、存在质量问题等。

（七）项目收益稳定性风险

虽国家发展改革委、住房和城乡建设部发布的文件《关于城市地下综合管廊实行有偿使用制度的指导意见》对城市地下综合管廊有偿使用费标准原则上确定了协商、政府定价或政府指导价三种途径，然而现实操作过程中，由于各地方政府尚未出台具备可操作性的地下综合管廊收费制度实施细则，对入廊费和运维费还未出台相应的政府定价及指导价，导致项目公司向入廊管线单位收费时无据可依，无论是采用"直埋成本法"还是"空间比例法"均不能公平地解决该问题。地下综合管廊的建设成本及运营成本难以在地方政府及入廊管线单位之间进行合理分摊，从而导致项目收益的不稳定性，同时造成了地方政府需承担的财政补贴数额也存在不确定性。

（八）管线入廊不可控风险

由于地下综合管廊PPP项目的收入来源其中之一便是入廊管线单位支付的入廊费及运维费，如果无法保障现有规划内的管线入廊、缴费，在不考虑政府兜底支付的情况下就无法满足项目合理收益的投资目的。实践操作中，现有管线单位出于资金、管理、产权意识等因素考虑，缺乏入廊的积极性，甚至一些管线单位宁可绕着走，也不愿把管线纳入管廊里，由此出现了管线入廊不可控的风险。

（九）项目运维质量不可控性风险

由于地下综合管廊PPP项目在建设完成、通过竣工验收后，符合约定运营条件的即进入项目运营环节，一般而言，政府并不作为管廊PPP项目的实际运营主体，因此，对于政府一方而言，对项目的管理水平和管理能力、服务质量、设施维护是否到位、环境保护等运营事项均无法直接控制，存在运维质量不可控的风险。对于项目公司／中选社会资本而言，应由其实际负责项目的运营工作，按照约定由其负责运营维护内容的，应由其承担运营期间可能发生的不可控风险。

（十）政策性基金融资及退出风险

在综合管廊 PPP 项目实务操作中，常会利用各种政策性基金如国开基金等产业引导基金以解决项目融资困难的问题，但是，就目前出台的规范文件来看，并未明确该等政策性基金如何介入到 PPP 项目、基金介入 PPP 项目的期间及收益，更未明确该等基金期满的退出机制。在基金进入路径和退出机制等关键环节均不明确的前提下即开展 PPP 项目的融资合作，无论是对于管廊 PPP 项目的社会资本，还是对该等政策性基金均存在不确定性，也会相应给项目带来融资上的风险。

（十一）不可抗力风险

1. 政治不可抗力风险

政治不可抗力风险，是指出现非因签约政府方原因导致的，且不在其控制下的征收征用、法律变更（即"政府不可控的法律变更"）、未获审批等政府行为引起的不可抗力事件而产生的风险。

2. 自然不可抗力风险

自然不可抗力风险，是指出现台风、冰雹、地震、海啸、洪水、火山爆发、山体滑坡等自然灾害；有时也可包括战争、武装冲突、罢工、骚乱、暴动、疫情等社会异常事件而产生的风险。

四、风险分配原则

（一）一般风险分配原则

按照风险分配优化、风险收益对等和风险可控等原则，综合考虑政府风险管理能力、项目回报机制和市场风险管理能力等要素，在政府和社会资本间合理分配项目风险。

（二）设置 PPP 项目合同应坚持的风险分配原则

地下综合管廊 PPP 项目合作各方确定 PPP 项目合同的目的就是要在政府方和项目公司之间合理分配风险，明确合同当事人之间的权利义务关系，以确保 PPP 项目顺利实施和实现物有所值。在设置 PPP 项目合同条款时，要始终遵循上述合同目的，并坚持风险分配的下列基本原则：

1. 承担风险的一方应该对该风险具有控制力；

2. 承担风险的一方能够将该风险合理转移（例如通过购买相应保险）；

3. 承担风险的一方对于控制该风险有更大的经济利益或动机；

4. 由该方承担该风险最有效率；

5. 如果风险最终发生，承担风险的一方不应将由此产生的费用和损失转移给合同相对方。

五、结束语

由于地下综合管廊 PPP 项目通常资金规模大、生命周期长，在项目建设和运营期间面临着诸多难以预料的各类风险，因此项目公司以及项目的承包商、分包商、供应商、运营商等通常均会就其面临的各类风险向保险公司进行投保，以进一步分散和转移风险。

浅谈工程监理标准化试点工作

云南国开建设监理咨询有限公司　段永尧　徐继纲

摘　要：本文通过工程监理标准化试点工作基本流程、施工准备阶段与实施阶段的监理标准化工作以及检查督导，探索建设工程监理标准化工作之路。

关键词：工程监理　标准化　试点工作

如何适应和完成供给侧结构性改革是当前监理行业必须面对的现实问题，云南国开建设监理咨询有限公司紧跟供给侧结构性改革步伐，坚持企业管理与项目管理并重、企业责任与个人责任并重、质量安全行为与工程实体质量安全并重、深化企业改革与完善质量安全管理制度并重的创新管理原则，为全面准确地贯彻执行《建设工程监理规范》，在建设工程监理标准化工作方面进行了积极探索。

2015 年初，根据国开监理公司《工程监理项目标准化试点工作方案》，经事业部推荐、公司核实筛选，我们"海源高新天地"项目监理部被正式确定为"标准化试点项目监理部"。现将监理部开展工程监理标准化试点工作的情况作以下介绍。

一、昆明"海源高新天地"工程概况

"海源高新天地"工程项目位于昆明高新开发区，建设单位是昆明高新洮基房地产开发有限公司，工程总造价 8 亿元人民币，总工期 24 个月，总建筑面积约 21.6 万 m²，其中：地上总建筑面积 131094.21m²，地下总建筑面积 85222.10m²，建筑密度 35%，容积率 4.0，绿地率 30%。包括地下室及 1 栋、2-1 栋、2-2 栋、3 栋共四栋塔楼建筑。其中：地下室地下三层，总建筑面积为 85222.10m²，建筑高度为 –14.4m。

1栋为办公楼，地上22层，总建筑面积为41506.58m²，建筑高度为99.000m。

2-1栋、2-2栋为商务办公楼，地上25层，总建筑面积为57108.92m²；建筑高度为98.700m。

3栋为星级酒店，地上23层，总建筑面积为32478.71m²；建筑高度为94.600m。

目前，工程主体结构全部结束，进入室内装修及室外道路、景观、绿化施工阶段。

二、工程监理标准化试点工作基本流程

国开监理公司按照"试点先行，样板引路"的思路，设立了公司"标准化工作小组"，拟定了《工程监理项目标准化试点工作方案》，提出了工程监理标准化试点工作基本流程：

公司生产经营机构（事业部）按"标准化试点基本条件"选择推荐项目监理部——公司标准化工作小组现场核实筛选，经公司研究确立为工程监理标准化试点单位——公司对监理部授"工程监理标准化试点"牌匾，拨付扶持资金——公司"标准化工程小组"到项目现场对监理人员进行"标准化"培训，对现场及资料进行检查，提出整改意见——项目监理部按标准化要求进行整改，整改完成，达到标准化基本要求——生产经营机构（事业部）组织复查——公司标准化工作小组到现场核查，核查合格后下达"标准化试点工作初验合格意见"，第二次拨付扶持资金——组织公司所属项目监理部代表到标准化试点项目现场观摩学习——标准化试点进一步总结提高，持续改进（期间事业部及公司"工作小组"定期到现场检查指导）——工程竣工，项目监理部提交"标准化试点工作成果"（标准化监理资料及标准化试点工作总结）——事业部查验后，会同公司"标准化工作小组"对竣工成果进行验收，验收合格下达"标准化试点竣工验收审查意见"，并对该标准化试点项目监理部人员颁发奖金——"标准化试点工程成果"归档，供公

司项目监理部学习借鉴。

三、施工准备阶段的工程监理标准化工作

项目监理部按照公司工程监理标准化试点工作要求开展工程监理标准化工作

（一）项目监理部办公室标准化布置

1.办公室门头悬挂公司统一定制的"项目监理部"和"工程监理标准化试点"牌匾。

2.办公室墙上张贴公司编印的监理工作制度、项目监理部人员组织结构图、晴雨表、施工总进度计划、工程项目总平面图、参建单位项目主要人员通讯录、监理部人员考勤表。

3.办公室内按监理人员每人一套桌椅摆放整齐，配置的电脑、打印机、文件柜、图纸阅览桌、检测工具设备、安全用品、水机等有序摆放。

要求保持监理办公室安静、整洁、规范的环境秩序。

（二）监理资料严格按规范标准编制、审核，并组织人员学习，进行监理内部技术交底，为工程实施阶段的监理工作作好充分的准备

1.项目监理部须备有加盖公司印章的公司资质、营业执照复印件、监理合同、施工合同。

2.项目监理部组织机构须按监理合同约定配备各专业监理人员、拟定监理人员进场计划，整理各专业监理人员资质证书、总监任命书及总监代表授权委托书。

3.根据项目要求配备办公设施、检测设备及

工具、规范、标准、图集等。

4. 按监理规划的编写要求、内容、编审程序完成监理规划。

5. 参加或组织设计交底、图纸会审并整理纪要。

6. 审核施工组织设计的程序性、合格性、针对性、时效性、闭合性。

7. 按标准审查开工条件、工程开工报审表及附件，符合要求及时签发开工令。

8. 参加建设单位主持的第一次工地会议，按规范要求介绍监理工作内容、程序，按照要求统一认识并形成"三方工作程序"，整理完善第一次工地会议纪要。

四、施工实施阶段的工程监理标准化工作

项目施工实施阶段的工程监理标准化工作，是质量行为标准化和工程实体质量控制标准化的实践过程，是监理履行"三控两管一协调"及安全生产管理职责，与各参建方责任主体共同努力实现工程项目建设总目标的过程。在这一阶段，监理部人员付出了太多的心血和汗水，按监理规范标准扎实抓好现场每一检验批次、分项、分部（子分部）工程的监理管控工作，按监理规范、标准同步落实和着力抓好以下工作。

1. 明确提出总监到岗率、完善监理人员变更手续、总监（总代）、专监、监理员、资料员、见证员履职情况及专业人员配置与到岗情况、人员形象等要求。

2. 按标准和工程实际编制监理实施细则。

3. 按要求重点审核（专项）施工方案内容与缺项、审核方案的针对性、时效性、闭合性。

4. 审核施工单位质量、安全保障体系情况。

5. 审核分包单位资质及管理到位情况，明确分包依据，落实分包合同及分包工程开工审查。

6. 审查测量放线成果。

7. 审查实验室资质、实验人员资质、跟踪实验过程。

8. 落实工程进度控制中的总进度计划及阶段性进度计划审批，通过分析提出纠正偏差要求。

9. 对工程材料、构配件、设备进场审核按标准要求见证送检。

10. 施工过程中巡检、旁站、平行检验的监理行为与监理日志记录相统一，监督检查重点，执行已审批的实施方案及强制性标准，进行质量缺陷处理。

11. 明确施工质量验收划分、工序验收及验收程序，提出检验批、分项、分部（子分部）验收要求。

12. 在造价控制中落实工程计量与签证，对工程款支付进行审核。

13. 在安全生产管理的监理工作中落实施工过程的监督检查，检查隐患处理措施、处理文件的闭合性，履行向建设单位及当地建设主管部门报告的职责。

14. 分析处理工程暂停与复工，严肃对待暂停令的签发及复工管理，妥善处理工期、费用索赔等问题。

15. 完善监理资料信息管理及现场用表，明确用表签认标准、用表时效性、监理月报编写规则、监理例会与纪要、监理通知及监理通知回复要求、旁站记录标准、监理日志的要求、监理文件分类组卷要求。

16. 工程变更的审查、监管处理。

17. 费用索赔处理的资料收集、索赔审查要求。

18. 工程延期处理的资料收集、审查以及工程延误责任的处理要求。

五、对工程监理标准化工作的检查督导，总结提高与持续改进

多年来，云南国开建设监理咨询有限公司始终坚持每年对所属项目监理部工作进行全覆盖督查和监察，目的是提高监理服务质量和提升公司管理水平。在公司施行工程监理标准化试点工作以后，生产经营机构（事业部）的督查和公司监察的活动在执行监察（督查）用表的同时，特别制定了"工程监理标准化试点考核用表"，对我们试点项目监理部采用"标准化试点考核用表"进行考核评定，通过两级管理机构结合年度绩效工资或奖金的考核，提出检查督导意见，促使我们试点项目监理部不断地总结提高、持续改进。

考核表内容包括工程建设过程的监理工作各环节，概括为4大项与39个分项，再根据39个分项细化到87个子项进行逐项打分。其4大项39个分项分别是：

1. 项目管理（占总分比例：5%）包含：（1）办公室形象、（2）监理人员资质、（3）项目学习培训、（4）用章管理、（5）资料管理、（6）收发文管理。

2. 项目资料管理（占总分比例：40%）包含：（7）监理规划、（8）监理实施细则、（9）第一次工地例会纪要、（10）会议纪要、（11）监理月报、（12）监理通知单及回复单、（13）工作联系单及报告、（14）质量评估报告、（15）监理工作总结、（16）施工单位资质审核、（17）施工组织设计及专项施工方案审核、（18）工程质量控制、（19）工程进度控制、（20）工程造价控制、（21）工程变更、（22）合同管理、（23）备忘录、（24）三方工作程序。

3. 项目安全文明施工管理（占总分比例20%）包含：（25）消防管理、（26）高空防坠、（27）安全用电、（28）垂直运输起重机械设备、（29）基坑支护、（30）脚手架、（31）模板支架、（32）场容场貌。

4. 安全台账管理（占总分比例35%）包含：（33）监理规划（含安全管理方案）、（34）监理细则、专项方案中相关安全内容、（35）施工单位资质及安全专职人员、（36）设备设施、（37）专项安全资料、（38）监理日志、（39）旁站记录。

项目监理部按照考核用表的内容，先自查自纠，在事业部和公司来检查督导时，被要求整改的问题就不多了。通过持续改进，项目监理部工程监理标准化程度得到很大提高。

六、工程监理标准化试点工作效果

昆明"海源高新天地"工程监理标准化试点工作经过近两年的运行，监理工作真正实现了以粗放式到制度化、规范化、流程化的方式转变，并向做优增量的深度调整。项目监理部在2016年中完成了"标准化试点工作的初验"，树立为公司项目监理部榜样，多次提供了公司其他项目监理部观摩学习，带动了兄弟项目监理部监理质量的提高。

在工程监理标准化试点工作运行的同时，我们有效地融合了"海源高新天地"工程项目各参建单位的能量，有力地推进了该项目的质量、进度、造价和安全目标的实现。

该项目历经省、市、区相关建设主管部门多次检查，都被给予了充分肯定和表扬，项目被评为"第四批全国建筑业绿色施工示范工地"，先后获得"全国工程建设优秀质量管理小组二等奖""云南省工程建设优秀质量管理小组一等奖""昆明市建设施工安全生产标准化工地"等荣誉，参建各方和建设主管部门的鼓励与支持，大大鼓舞了监理人员的积极性，更坚定了我们继续开展工程监理标准化工作的信心。

轨道交通类项目PPP咨询的重难点及解决方案研究

天津国际工程咨询公司　袁政　刘金栋　周惠亮

轨道交通是 PPP 项目推动的重点领域，也是推广 PPP 模式较成功的领域。由于轨道交通类项目投资规模都在百亿级，工程技术复杂，在项目操作中具有很多独特性。课题就轨道交通类项目 PPP 咨询工作的重难点进行分析并提出解决方案，以期推动该项工作。

一、轨道交通类项目特征

（一）投资规模大

轨道交通项目投资规模都在百亿级。根据《上海近期轨道交通建设规划分析投资控制》测算，2017~2025 年上海轨道交通建设规划的总投资或将达到 2138 亿元，平均 7.5 亿元 / 公里。天津地铁 8 号线一期工程全长 33 公里，预计总投资 390 亿元，平均 10.2 亿元 / 公里。

（二）工程量大、建设周期长

单条轨道长度一般为几十公里，少数轨道超过一百公里，工程内容包含较多的地下隧道、架空桥梁工程，工程量较大。单条线路施工期一般在五年以上，若包括前期策划、征地拆迁、试运营等工作，一般要超过十年。

（三）技术复杂、专业性强

轨道交通项目土建工程以地下隧道、架空桥梁、深基坑、地下大空间、轨道铺设为主，机电工程以车辆、供电系统、信号系统为主，这些工程内容技术复杂，专业性强，一般施工单位难以完成。轨道交通运营涉及的车辆调度、设备维修、应急预案等，也具有较强的专业性。国内具有轨道交通运营经验的企业基本为各城市轨道公司、城投公司或国家铁路总公司，鲜有民营企业参与地铁运营。

（四）涉及征地拆迁较多

轨道交通项目由于线路较长、站点较多，难免涉及征地、拆迁问题，且征地、拆迁量较大。城市轨道交通主要经过城市建成区或郊区人口集中区域，土地及房屋价格较高，征地、拆迁成本较大。

（五）客流预测困难

轨道交通项目的现金流主要来自客票收入，但客流预测一直是难题。受居民的居住分布、就业地点、商业设施、换乘条件等影响，难以准确预测项目建成后的客流量。

（六）公众关注度较高

轨道交通项目对沿线居民出行、房价、商业影响较大，属于涉及重大公众利益的项目。公众对线路走向、站点设置、票价标准非常关注。建设过程中的征地、拆迁问题也是公众的重要关注点。

图1　轨道交通项目特征

二、PPP 咨询的内容

轨道交通项目若采取 PPP 模式实施，政府和社会投资者的合作方式需要进行专门研究，引入专业咨询机构将是必然。

（一）项目识别阶段

1. 项目筛选

开展前期调查，对可研报告的客流预测进行矫正、完善，对法律及政策合规性进行分析。初步确定项目政府和社会投资者合作模式。

2. 物有所值评价

协助财政部门及行业主管部门组建专家组，从定性和定量方面开展物有所值评价，向地方政府提交评价报告。

3. 财政承受能力论证

协助财政部门充分考虑宏观经济发展、税收政策等影响因素，结合财政支出责任，统筹处理当前与长远的关系，进行财政承受能力论证。

（二）项目准备阶段

1. 搭建管理机制

协助当地政府建立 PPP 协调机制，负责项目审批、组织协调和检查督导等工作。协助实施机构开展项目准备、采购、监管和移交等工作。

2. 编制实施方案

设计项目 PPP 合作模式，编制《政府和社会资本合作项目实施方案》，明确项目产出、绩效要求、股权结构、回报机制、风险分配、合同管理体系、监管架构、退出机制等内容。

3. 审核实施方案

协助政府相关部门召开联审会，组织各相关部门对方案提出意见和建议。按照联审意见对方案进行修改完善并报政府审定。

4. 编制工作方案

根据政府批准的实施方案，细化各项工作，进行具体工作分配，构建工作流程，指导各方按照已确定的工作实施计划执行。

（三）项目采购阶段

1. 资格预审

协助项目实施机构确定对社会资本的人员、资信及业绩等要求；对项目实施机构准备资格文件的预审文件提出专业意见和建议。

2. 项目采购

对项目相关数据及风险进行分析，编制全套招标文件及 PPP 合同。完成 PPP 项目社会资本招标采购工作。

3. 参与合同谈判、签署

起草 PPP 合同体系下的各子合同，并委托律师事务所出具专项法律意见。协助项目实施机构与中标的社会资本谈判，签署最终合同。

（四）项目执行阶段

1. 协助组建项目公司

编制 PPP 项目股东协议、公司章程、监管方案等全部文件。协助各股东按照 PPP 合同及公司法等法律法规完成出资、人员选派、场地准备等工作，组建项目公司。

2. 完善 PPP 合同

协助实施机构与项目公司完善项目 PPP 合同。

3. 中期评估和后评价

项目执行过程中，每隔 3~5 年对项目开展一次中期评估，评估项目的可持续性、服务绩效等内容。项目移交后，对项目成功度、公众满意度等进行后评价。

三、PPP 咨询重难点及解决方案

通过对轨道交通项目特征的分析及 PPP 咨询内容的梳理，认为轨道交通项目 PPP 咨询的重难点有以下几点，并逐一提出解决方案。

（一）合作模式选择

轨道交通项目适合引入社会资本参与的内容既包括建设，也包括运营。建设阶段引入社会资本，有望降低建设成本。运营阶段引入社会资本，有望提高运营效益、服务质量。因此，合作模式有三种备选方案：

1. 将项目建设、运营工作完全交与社会资本，政府负责提供土地和授予特许经营权。社会资本通过票价收入和政府补贴获得收益。

2. 仅就项目建设内容与社会资本合作，由社会资本负责项目施工和设备安装，并负责工程的后期维护。政府给予社会资本建设成本补贴并购买维护服务。

3. 仅就项目运营与社会资本合作，政府负责项目建设，社会资本租赁实体工程后进行运营。政府给予运营补贴。

（二）选择合适的社会资本

轨道交通项目若想成功，既要注重运营，也要注重建设。这与其他类型项目偏重建设或运营一项具有显著区别。为保障项目成果，社会资本需要具备三方面的能力，一是大体量、低成本融资能力或直接投资能力；二是超强的隧桥轨道工程的施工能力；三是先进成熟的轨道交通运营能力。

国内投资者中，金融机构具有资金实力，能满足融资或直接投资要求；以施工为主业的央企和少数大型民企具有超强的施工能力，其融资能力也较强；轨道运营方基本为各地国企，此类企业具有较强的地域性，一般不会到外地投资，但是近期已实施的几个轨道交通项目中也出现了外地轨道公司参与投标的情况，且竞争较激烈。

建议由金融机构、央企或大型民企、轨道运营公司组成联合体作为社会资本，共同推动项目实施，以满足项目对资金、施工、运营的需求。

（三）回报方式

轨道交通项目投资规模大，又属于公益性项目，难以通过票价收入实现盈利。轨道交通项目中常用的回报方式有：

1. 设置保底客流量。当实际客流少于保底客流量时，政府支付差额客流的票价费用。

2. 政府给予票价补贴。政府对每张客票给予一定补贴，社会资本获得的票价收入为乘客支付的票价加政府的补贴。

3. 政府对运营给予补贴。政府根据运营天数、运营里程等给予社会资本补贴。

4. 匹配资源。为项目匹配土地等资源，社会投资者利用匹配资源的经验获得回报。

5. 经营资源。允许社会资本利用地铁设施进行商业开发，如广告、零售、餐饮等。

（四）风险分担

轨道交通项目因投资规模大、工程量大、技术复杂，项目涉及的风险较多。为有效控制风险，降低风险造成的损失，需要在项目各参与方之间进行风险控制责任分配。风险分配的重点在于风险识别、预测和评估，以及对风险控制责任的划分。建议采取一些措施：

1. 结合轨道交通及 PPP 项目案例，分析项目可能存在的风险。风险分析从项目内部、外部两方面进行，分析重点为政策和法律风险、融资风险、建设风险、经营管理风险、市场风险、不可抗力等。

2. 利用已有项目统计数据和专家讨论法预测各项风险发生的概率。

3. 用情景分析法，评估各项风险可能造成的损失。

4. 要按照风险分配优化、风险收益对等和风险可控等原则，综合考虑政府风险管理能力、项目回报机制和市场风险管理能力等要素，在政府和社会资本间合理分配项目风险。原则上，项目设计、建造、财务和运营维护等商业风险由社会资本承担，法律、政策和最低需求等风险由政府承担，不可抗力等风险由政府和社会资本合理共担。

（五）财务分析

财务分析的重点是项目建设成本预测、运营成本预测、项目收入预测，难点在于收入预测。应以项目可研报告为基础，咨询行业专家意见，预测项目建设成本、运营成本、项目收入。其中项目客流预测，需由行业专家、轨道运营公司、城市规划部门共同论证。同时分析财政、税收政策，调整项目现金流。根据项目现金流特点，搭建项目财务模型，进行财务分析。

信息化技术在装配式建筑中的应用研究

山东省建设监理咨询有限公司　陈文

摘　要：本文通过济南市第一个装配整体式建筑的工程监理工作，研究了在设计深化和构件拆分阶段应用BIM技术，在施工阶段采用监理工作的APP技术，在关键工序和重要节点施工采用工匠云技术。尤其研究了应用物联网技术贯穿预制构件的生产、运输、吊装、安装等工序，提高了工程的质量和安全水平，加快了工程进度，避免了工程造价的提升，并总结了应用的经验。

关键词：BIM技术　信息化　物联网　装配式　工程咨询

2017 年初国家发出了推广智能和装配式建筑的要求，提出坚持标准化设计、工厂化生产、装配化施工、一体化装修、信息化管理、智能化应用的建造创新方式，同时提出了信息化技术如 BIM 技术、物联网技术以及工程管理 APP 技术等在工程管理中的应用，为项目方案优化和科学决策提供依据，促进建筑业提质增效。

对装配式建筑施工与管理而言，应该是基于同一个 BIM 平台，集成规划、设计、部品生产、运输、施工、业主、监理甚至是政府主管部门。使设计信息、部品生产信息、运输情况、现场施工情况、质量、安全、进度情况都可以随时查询。利用手持平板电脑及 RFID 芯片，开发施工管理系统，可指导施工人员吊装定位，实现构件参数属性查询、施工质量指标提示等，将竣工信息上传到数据库，做到施工质量记录可追溯。

BIM 在装配式建筑施工与管理中的应用包括根据安装顺序排定加工计划，根据设计模型进行钢筋下料、模具准备、构件生产和存放，根据设计模型进行出厂前检验、构件运输和验收的 BIM 应用、构件堆放地点的选择、塔吊的选择和分析、预制构件安装过程模拟、装饰装修部分的 BIM 应用、质量验收的 BIM 应用等内容。

物联网（Internet of Things，IOT）的概念最早由美国麻省理工学院（MIT）在 1999 年提出——指的是将各种信息传感设备，如射频识别（RFID）装置、红外感应器、全球定位系统、激光扫描器等种种装置与互联网结合起来而形成的一个巨大网络。其目的是让所有的物品都与网络连接在一起，系统可以自动地、实时地对物体进行识别、定位、追踪、监控并触发相应事件。

2014 年 7 月份，济南市政府办公厅下发《关于加快推进住宅产业化工作的通知》（济政办字〔2014〕22 号），要求到 2016 年底，全市采用住宅产业化技术建设的项目面积占新建项目面积的比例不低于 30%，到 2018 年年底不低于 50% 的工作目标。本文以信息化技术在 2014 年年底开工建设的装配整体式济南市西客站片区安置三区中小学和西城济水上苑高层住宅中的应用，探讨监理运作方式的创新以及信息化技术运用带来的项目决策的科学性以及管理效果的提升。

一、项目概况和信息化应用

（一）济水上苑17号楼，是一栋装配整体式钢筋混凝土剪力墙结构高层住宅，该建筑地下2层，层高为3.1m；地上21层，高为2.9m，总建筑面积约为1.9万 m²。建筑地下室及地上一至二层采用现浇剪力墙结构，三层及以上各层采用钢筋混凝土预制剪力墙结构，楼面为PK预应力混凝土叠合板，外墙为预制混凝土夹心保温墙板，室内承重墙为预制剪力墙、非承重墙为轻质墙板。济南市西客站片区安置三区中小学项目，建筑面积10910m²，装配整体式混凝土组合框架结构，四层，建筑檐口高度16.01m，抗震等级四级，结构采用型钢混凝土柱，外墙采用PC外墙挂板、楼板为PK混凝土叠合板，预制楼梯、预制女儿墙。

（二）济水上苑17号楼，济南市西客站片区安置三区中小学项目为济南市首例高预制装配率的剪力墙和框架结构建筑，始建于2014年底，工程开工时国家和山东省尚无有关装配整体式混凝土结构的标准图集以及相关检测验收标准，国家有关预制构件生产资质也已取消，仅保留了预拌混凝土资质，在工程的设计、生产、运输、吊装、施工中缺少相应的技术保障，为确保工程质量和安全，监理单位山东省建设监理咨询有限公司从全过程工程咨询角度入手，自设计阶段开始采用BIM技术配合设计单位完成构件的拆分设计，在生产阶段引入了物联网技术实现了产品质量的可追溯，在施工阶段运用BIM技术模拟现场布置和塔吊选型，在关键节点的验收采用了BIM技术的预构建交底，在整个监理过程中采用了监理日志APP、安全巡视APP、材料报验APP、持牌验收APP等技术，针对施工单位灌浆作业引入了工匠云技术。

二、BIM技术应用

（一）BIM技术在设计阶段的应用

深化设计是指在施工图设计的基础上，将电气、水暖、设备等各专业的预留预埋精准地定位在预制构件上，形成预制构件的生产图纸的过程。为了保证预留预埋位置的精度，我们联合设计单位和施工单位采用了先进的BIM技术进行深化设计和修正。采用BIM技术进行深化设计的流程如图1所示。

1.辅助件族库建立

现场BIM监理工程师们建立适应装配式构件生产和机电专业的族库文件，保证团体建模链接的实用性和效率，既能提高建模的效率，又能够保证建模的质量。根据本项目采用的所有辅助件建立了族库，在建模时所有的配件以及预留预埋件等辅助件模型均可以直接选用。

2.建立构件族库

根据建筑物的功能、结构、水电暖等设计及

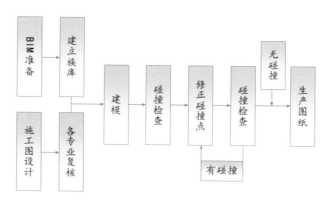

图1　深化设计流程图

规范要求，对项目的 PC 构件进行优化分割，并用 revit 绘制包含水、电、暖及预埋件的各种构件，建立宿舍楼的叠合板、预制梁、预制外墙板、预制内墙板、预制楼梯、预制空调板、预制雨棚等装配式构件 PC 构件族库，为快速建模做准备。

3. 建模

对项目的建筑、结构、机电分专业分别进行建模，分专业模型建模完毕后由 BIM 监理工程师再进行审核，对审核后的建筑、结构、机电模型进行链接，形成全专业的 BIM 模型。

4. 碰撞检测并优化

管线碰撞在传统二维设计中不易解决的问题，现场 BIM 监理工程师采用 Navisworks 软件对用 revit 软件建立的建筑、结构、机电（电气、给排水、消防、弱电等）相关专业三维模型链接后的全专业模型进行碰撞测试，发现其中存在的碰撞点，在不改变原设计的机电工程各系统的设备、材料、规格、型号又不改变原有使用功能的前提下，BIM 工程师用 revit 软件对机电（电气、给排水、消防、弱电等）的模型进行优化调整，然后对调整后的模型用 Navisworks 进行碰撞测试，通过不断优化模型和碰撞检测，可以实现"零"碰撞。

（1）检测发现墙体的预留钢筋位置冲突，在墙体安装时，会导致钢筋碰撞变形，甚至墙体无法安装到位，所以需进行优化。采用缩短外露长度，增加箍筋的方式确保结构安全和施工的可操作性。

（2）检测发现叠合板预留钢筋与叠合梁预留钢筋位置冲突，在安装时需要移动其中一个构件位置 12mm，无法保证预制构件的位置符合规范要求，需进行优化，通过调整叠合板预留钢筋的位置，消除碰撞点，确保预制构件安装的质量要求。

（3）在进行碰撞检测中发现，电缆桥架与热水管位置、电视分支器箱与热水管位置冲突，在安装时会导致管线无法安装，因此必须进行优化。通过修改其中热水管的空间位置，可消除碰撞。消除检测到的碰撞后，再进行一次碰撞检测，可达到"零碰撞"的结果。

5. 设计优化成果

本项目原设计中，楼梯间的外墙设计如图 2 左图示，在休息平台处预留钢筋，墙板安装以后现浇休息平台板。存在以下问题：

（1）在墙和板间存在施工竖缝，新老混凝土连接位置极易产生收缩裂缝。

（2）长时间使用后，接缝处有可能会开裂、渗水，甚至会破坏外墙体。

（3）在外墙生产过程中，预留钢筋位置不易控制。

针对上述问题，进行设计变更如图 2 右图示，具体变更如下：

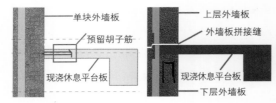

图2 设计变更

（1）将外墙拼缝位置进行调整，由原设计在楼层标高，改为半层（休息平台）标高，墙板的接缝布置更合理。

（2）取消预留钢筋，采用板搭接在墙上的形式，受力更合理，避免竖缝的产生，提高结构的整体质量和实用性。

（3）变更后能够在不增加墙板种类的前提下，降低外墙板生产的难度，提高了车间的生产效率，同时也提高了现场的安装效率。

6. 施工工艺优化成果

装配式建筑墙、板、柱、梁等构件预埋螺栓位置、斜撑连接件、强弱电、水暖等都是预埋在 PC 构件中，特别是支撑位置具有固定性，传统的二维设计无法完全避免支撑等系统在安装过程中相互碰撞的情况，一旦出现碰撞情况，就需要现场补救、返工处理，甚至出现构件报废等情况，造成不必要的损失。

BIM 监理工程师提前运用 revit 软件对墙、板、柱、梁等构件预埋螺栓位置、斜撑、模板支撑

图3 施工工艺优化

系统等建立模型，然后用 Navisworks 对模型进行碰撞检查，对发现的临时支撑、预埋件碰撞等问题，返回到 revit 模型中进行优化，消除 PC 构件安装过程中可能发生的碰撞和相互干扰，在施工过程中达到准确、快速安装的目的。

（二）BIM 技术在关键节点的应用

在施工过程中，对于工程的关键节点、关键工序国家因其施工难度大、技术要求高等特点，规定进行旁站监督，公司现场的 BIM 监理工程师们为装配整体式建筑的底层现浇框架节点、梁板后浇筑节点、墙体后浇筑节点和剪力墙短肢现浇部分用 revit 做了三维模型，并利用三维模型监督施工单位对操作工人进行了交底，让工人能够直观看到具体的结构构造以及施工要求，实现了质量的预控，消除了通病。

（三）BIM 技术在现场布置和塔吊选型中的应用

群体装配整体式混凝土结构工程的施工组织因装配的特点与传统的现浇混凝土工艺存有较大区别，主要体现在：

1. 大门应考虑周边路网情况、道路转弯半径和坡度限制，大门的高度和宽度应满足大型运输构件车辆通行要求。

2. 塔吊布置时，应充分考虑其塔臂覆盖范围、塔吊端部吊装能力、单体预制构件的重量、预制构件的运输、堆放和构件装配施工。

3. 构件堆场应满足施工流水段的装配要求，且应满足大型运输构件车辆、汽车起重机的通行、装卸要求。为保证现场施工安全，构件堆场应设围挡，防止无关人员进入。

4. 装配式建筑施工构件运输采用大型运输车辆。车辆运输构件多、装卸时间长，因此应该合理地布置运输车辆构件装卸点，以免因车辆长时间停留影响现场内道路的畅通，阻碍现场其他工序的正常作业施工。

5. 装卸点应在塔吊或者起重设备的塔臂覆盖范围之内，且不宜设置在道路上。

现场的 BIM 监理工程师们通过调研、计算、模拟，为施工现场的布置构建出了直观的现场立体布置图、塔吊布置和选型图、预制构件存放场地布置图。充分利用了现场有限的空间，提高了构件转运和构件运输的时间和工地运行的效率。

三、物联网技术应用

物联网技术可以贯穿装配式建筑施工与管理的全过程，从深化设计阶段将每个构件唯一的"身份证"——ID 识别码编制出来，在预制构件生产、运输存放、装配施工包括现浇构件施工等一系列环节保证各类信息跨阶段无损传递、高效使用，实现精细化管理，实现质量的可追溯性并为工程实施提供关键技术基础。我们在工程的设计阶段引入了物联网技术，实现了质量的可追溯，并为构件的存放、运输和吊装提供了以 BIM 模型为基础的施工指导，也保证了工程进度。

（一）物联网的核心技术

1. 无线射频识别（RFID）技术：RFID（Radio Frequency Identification），无线射频识别，是一种非接触式的自动识别技术，它通过射频信号自动识别目标对象并获取相关数据，识别工作无需人工干预，可工作于各种恶劣环境，RFID 技术可同时识别多个标签，操作快捷方便。在国内，RFID 已经在身份证、电子收费系统和物流管理等领域有了广泛应用。

2. 二维码技术：二维条码/二维码（3-Dimensional Bar Code）是用某种特定的几何图形按一定规律在平面（二维方向上）分布的黑白相间的图形上记录数据符号信息；在代码编制上巧妙地利用构成计算机内部逻辑基础的"0""1"比特流的概念，使用若干个与二进制相对应的几何形体来表示文字数值信息，通过图像输入设备或光电扫描设备自动识读以实现信息自动处理。二维条码具有储存量大、保密性高、追踪性高、抗损性强、备援性大、成本便宜等特性，这些特性特别适用于表单、安全保密、追踪、证照、存货盘点、资料备援等方面。

3. 传感器技术：传感技术同计算机技术与通信技术一起被称为信息技术的三大技术。仿生学观点认为，如果把计算机看成处理和识别信息的"大脑"，把通信系统看成传递信息的"神经系统"的话，那么传感器就是"感觉器官"。微型无线传感技术以及以此组建的传感网是物联网感知层的重要技术手段。

（二）装配式建筑物联网系统

该系统是以单个部品（构件）为基本管理单元，以无线射频芯片（RFID及二维码）为跟踪手段，以工厂部品生产、现场装配为核心；以工厂的原材料检验、生产过程检验、出入库、部品运输、部品安装、工序监理验收为信息输入点；以单项工程为信息汇总单元的物联网系统。

物联网的功能特点（图4）：

1. 部品钢筋网绑定拥有唯一编号的无线射频芯片（RFID及二维码），做到单品管理。

2. 集行业门户、企业认证、工厂生产、运输安装、竣工验收、大数据分析、工程监理等为一体的物联网系统。

（三）物联网在装配式建筑施工与管理中的应用

在构件生产阶段为每一个预制构件加入RFID

图4 物联网的功能

电子标签，将构件码放入库，根据施工顺序，将某一阶段所需的构件提出、装车，这时需要用读写器一一扫描，记录下出库的构件及其装车信息。运输车辆上装有GPS，可以实时定位监控车辆所到达的位置。到达施工现场以后，扫码记录，根据施工顺序卸车码放入库。

（四）预制构件装配施工的管理

装配式建筑的施工管理过程中，应当重点考虑两方面的问题：一是构件入场的管理，二是构件吊装施工中的管理。在此阶段，以RFID技术为主追踪监控构件存储吊装的实际进程，并以无线网络即时传递信息，同时配合BIM，可以有效地对构件进行追踪控制。RFID与BIM相结合的优点在于信息准确丰富，传递速度快，减少人工录入信息可能造成的错误，使用RFID标签最大的优点就在于其无接触式的信息读取方式，在构件进场检查时，甚至无需人工介入，直接设置固定的RFID阅读器，只要运输车辆速度满足条件，即可采集数据。

四、监理工作信息化技术应用

为提高监理运行质量，提高现场管控能力，解决项目监理机构日常撰写工作和记录的困难，针对装配整体式项目的特点联合软件开发人员开发有关监理工作的APP，下载在电脑端注册后，再在手机端下载后即可登陆实施；具体有日志、巡查记录、验收记录和见证取样记录等，在监理人员完成工作或者记录后，软件排版打印，相关人员签字即可。这样便可实现现场监理工作及时完整上传。结合拍照记录，能够全面及时实现不同岗位、不同专业监理人员及时反应现场问题，更好地实现了现场工作的闭合和可追溯。

装配整体式建筑的结构设计理论基础等同现浇结构的设计理论，实现等同现浇结构强度的关键技术是灌浆套筒连接技术，即在钢筋灌浆套筒内机械灌注高强度无收缩速凝结灌浆料，这种施工工艺对操作工人要求高，必须要求通过专业培训，持证上岗方可进入工作岗位。针对此种要求，现场监理单位联合施工单位引入了联房科技公司开发的工匠云技术，对于现场旁站监理人员、操作工人、施工管理人员和材料准备等统筹管理，留存照片和音像记录，实现质量可追溯的信息全面完整，保证了工程质量。

（一）信息化技术在各类日志和记录文件中的应用

（二）信息化技术在验收工作中的应用

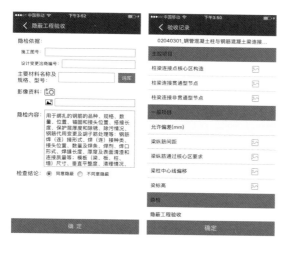

（三）信息化技术在材料见证取样中的应用

（四）信息化技术在关键工序实施中的应用

五、结论和展望

通过在济南市西客站片区安置三区中小学和西城济水上苑高层住宅的监理工作，我们不但深入掌握了信息化技术，也体会到其带来的作用。

（一）通过 BIM 技术的应用，大大减少了后期的重复工作量，不但加快了进度还节约造价，经统计加快进度近 50 天，避免了造价的浪费 120 余万元。

（二）通过各类监理工作 APP 的采用，平均每天每人节约工作时间约 2 小时，不但节约了监理单位的成本，更是提高了监理单位的咨询水平和服务质量。

（三）通过工匠云技术的使用，关键节点、重要工序施工质量、安全生产的水平有了很大提高，对后期运行质量和结构使用寿命的提升起到了重要作用。

未来，物联网技术将在目前信息化的高速发展下对建筑业的管理模式带来巨大变革，装配整体式建筑在建筑业的发展中也会打破传统，给国家带来绿色、节能的新方向，其二者在信息化技术和物联网技术的结合势成必然，并将极大地助推建筑业在装配式建筑上以及相关上下游产业的发展，形成由信息化技术联通的超大规模的产业集群。工程监理、项目管理和工程咨询业在未来发展中，随着建筑业管理模式的变革、设计工具的更新以及管理思维的变化，信息化技术将是必须面对的重要挑战，信息化技术把握的深入和细致程度决定了企业的市场竞争力。

信息资源智能化管理探索应用

山西锦通工程项目管理咨询有限公司　王巳英　宋嘉钏　樊荣

摘　要：锦通咨询公司积极探索利用现代化数据技术处理方法、手段和工具为监理工程项目信息管理服务。开发工程影像资料管理平台、协同办公管理平台、质量数据处理平台、文件信息处理管理平台、工程施工量与支付分析平台、客户交流服务平台等十余项信息数据管理平台。运用大数据管理理念，建立信息数据管理体系，向着信息智能化管理不断迈进。

今天，我们正经历着一场信息革命。以云计算、大数据、物联网、移动互联网、人工智能、BIM等为代表的信息技术飞速发展，驱动着整个工程建设行业转型升级，而大数据是驱动项目管理转型升级的关键支撑。信息资源缺乏有效管理、不能整合充分利用已经成为制约项目管理水平提高管理风险防范的瓶颈。

近年随着锦通咨询公司监理业务量的不断增长，传统的信息管理模式已不能满足同时管理几百甚至上千项工程的需求。而且随着业务量的增长，项目管理面临的风险也在不断加大，诸如工程安全质量管理、人力物力财力管理、文件信息指令传达管理、个体监理服务水平管理等每一项都直接关系企业生存发展，若要实现对各类管理风险进行有效、迅速的预测、分析、防范和控制，必须加快管理系统中的信息反馈速度和响应速度。基于以上原因锦通公司从2016年初成立项目信息管理研究攻关小组，按照"大数据管理理念"研究针对锦通公司信息管理行之有效的数据处理系统，从而顺应时代发展要求，利用现代化数据技术处理方法、手段和工具为监理工程项目信息管理服务。

一、锦通公司信息数据处理系统开发总体情况

锦通公司信息数据处理系统开发分三个阶段，第一阶段对所有涉及信息数据进行分类，顺畅信息收集上报渠道，完善信息管理制度。针对性出台了《重大事项报告制度》《要情通报管理办法》《信息体系运行管理制度》等一系列制度办法，保证各项目能及时提供准确的决策信息。第二阶段建立多个单项信息收集、处理平台，利用信息网络作为信息交流、分析处理载体，从而使信息交流速度加快，实现一点对多点、多点对多点无缝对接。多部门、多项目、多岗位共享信息资源，实现信息资源利用率最大化。第三阶段采用"云＋端＋大数据"模式，将单项信息收集、处理平台整合，实现工程信息管理的数据化、专业化、智能化，工程数据的收

集、管理、校核、分析及处理都由大数据管理系统完成，实现信息智能化管理。

目前锦通公司信息处理系统已初具雏形，完成第二阶段研发。开始第三阶段大数据平台构建。到目前为止共开发工程影像资料管理平台、协同办公管理平台、质量数据处理平台、文件信息处理管理平台、工程施工量与支付分析平台、客户交流服务平台等十余个单项信息收集、处理平台软件，并已投入使用，具备信息数据收集、处理能力。

二、锦通公司信息数据处理系统应用情况

锦通公司90%以上的业务均为输变电工程，目前我国输变电工程项目信息管理总体呈现出数据多元化、动态化发展趋势。一方面，输变电工程涉及专业多、信息数据多、数据处理量大，参与主体多、覆盖地域范围广、耗费时间长、影响因素多等特征决定了工程项目的信息管理具有多元性。另一方面，工程项目管理采取全周期管理模式，时间周期长，各种信息在工程全过程管理中持续分布。锦通公司结合信息管理各类问题开发了适用性软件平台。

下面就以晋中1000kV变电站新建工程信息处理为例对几个信息平台进行简要介绍。

榆横~潍坊1000kV特高压交流输变电工程是落实国家大气污染防治行动计划重点建设的12条输电通道和特高压骨干网架之一。晋中1000kV变电站新建工程又是榆横~潍坊1000kV交流输变电

工程的重要组成部分，工程伊始就以国家优质工程奖为目标策划实施。且工程涉及国网山西公司、国网交流公司等7家管理单位、3家设计单位，45家物资、设备供应单位，9家施工总承包及分包单位。涉及单位众多，数据量大，各种消耗和资金支付情况复杂。所以现场各阶段的集中数据处理都需要科学、有效的信息管理方案和实用型工具，为监理项目管理及公司决策提供依据。

1. 工程影像资料管理平台

工程影像资料管理平台根据国网公司文件要求集中解决数码照片不全、照片拍摄不规范、照片格式与要求不符等问题。平台通过设置统一的照片命名规则、照片格式、软件拍摄要求，规范照片管理，使录入后的数码照片全部符合国网公司文件要求。

监理项目部人员采用数码照片拍摄APP在现场收集影像资料后，上传至管理平台，通过平台自行的判断和整理格式自动归类，形成固定的管理文件夹及符合要求的影像资料。现场拍摄APP预先设置拍摄题目及拍摄单位、拍摄内容、拍摄像素等信息，并提示监理人员拍摄注意要点，监理人员执行拍摄任务即可，回到项目部后上传至主服务器系统中。系统自动分类整理形成数据资料，如拍摄时间、地点、工序内容等信息，软件汇总成为管理数据和台账。

2. 协同办公管理平台

协同办公管理平台是根据办公需求而建设的管理平台，通过平台实现：规程规范查询、分包单位资质查询、进度管理及表单上报、文件内部审批

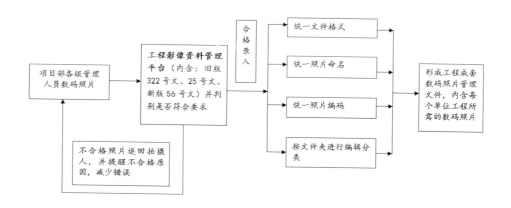

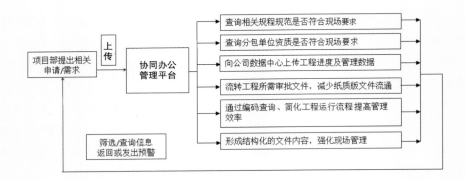

及流转、工程报表报送提醒、培训考试管理、人力物力申请审批等功能，员工通过平台进行信息查询、资源共享、文件流转审批等工作，也为远离公司的现场监理人员办公提供便捷和帮助，解决了工程因地域、时间原因造成的沟通、管理不便，减少纸质文件流传，节约成本。

各项目部监理人员通过网络端登录公司系统，点击相应功能模块，以上传进度及管理数据为例，监理人员点击进入工程管理模块，输入所在工程名称或编号，选择需填报的表格，进行填报，填报完成后提交并形成记录，监理人员可在提交后查看提交内容。

3. 质量数据处理平台

监理项目部通过质量管理平台收集质量管理信息，现场分类收集质量管理数据，并形成数字化的质量数据链条及工程质量管控制要点，利用数据的不可替代功能减少数据应用过程中的错误，最终形成电子版的数据资料，从而在数据量不减的前提下，数据分析、整理、优化管理同步进行，解决现场施工过程中存在质量信息不连贯、不系统、不全面的问题。

根据工程项目属性、分类划分、标准工艺应用措施、强制性条文检查计划等策划文件形成监理项目部的管理记录表格，并在表格中记录报送编号、报送内容明细及数据、报送人、报送数据、关联记录编号及名称，并连接至该记录表格，每月出具相关记录明细和台账交付其他项目部进行核对校准。

4. 文件信息处理管理平台

文件信息处理管理平台是监理项目部在信息管理中的重点工作，监理项目部通过文件信息的收发管理平台，将文件收发与项目部微信平台相结合，通过文件在群组中的流转，及时下发上级文件，并进行宣贯落实，工程文件信息收发管理平台避免了因时间和地域所导致的信息流转困难。

文件收发是监理项目部的重点信息管理工作，监理项目部收集国网公司、国网交流公司、国网山西省电力公司、公司各职能部门、业主项目部文件

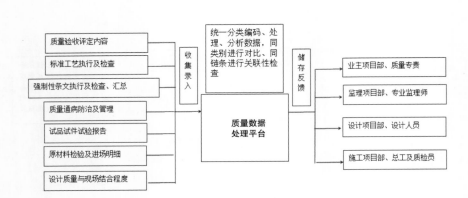

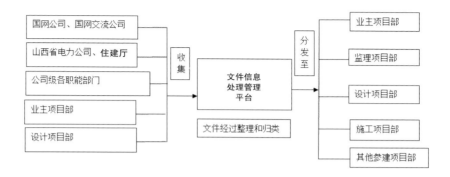

信息，登记文件编号、日期、名称、简明内容，并经过监理人员粗分类，存放入相应文件夹中。归档后自动转发至各项目部邮箱及现场负责人登记签收。文件转发完成后，监理项目部需根据文件内容及时落实文件要求、贯彻文件精神，做好文件从接收到学习的全程服务。

5. 工程施工量与支付分析平台

工程施工量与支付分析平台，通过施工量的量化处理，将每日完成的施工量记录在工程平台内，逐项进行细化统计，并生成数据比例和进度分析，为汇总月度或季度施工量减少重复工作内容，同时该平台在工程施工过程中可与进度款支付和变更支付相连接，明确工程支付明细，及时根据施工单位提出的支付数目形成支付依据，明确时间、空间、工序范围内的对应关系。

监理人员每日统计各单位工程施工情况，由造价专责统计工程量、上传监理平台，月尾时自行计算月度工程量。施工项目部提供工程进度报表后

由监理人员同步录入监理平台，在平台内部形成对比分析表格，确认工程质量比例，再与施工支付款相关联形成最终支付款比例。

6. 客户交流服务平台

客户交流服务平台是现场关键信息互通及协调管理的重要载体，平台使各参建单位在同一时间和空间内共享信息资源，监理项目部能对存在问题及时进行协调，提高了现场管控能力，解决现场各方施工信息不对称引起的纠纷及误解，也使各项目部间互通有无，监理项目部服务更具开放性和全面性。

组建交流服务群，邀请各参建项目部加入，形成现在的项目部管理服务平台，平台中项目部可根据主题内容发表意见，监理项目部逐条进行记录形成会议记录，在记录中明确各项目部职责和任务，编辑成文本，下发至各项目部。再者，施工中存在安全隐患，发现者可直接将隐患照片发布在交流平台中，共同交流从而完善项目协调管理。

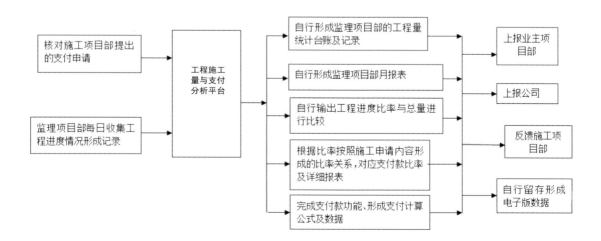

三、锦通公司"云＋端＋大数据"项目管理模式构想

建立智能化信息管理系统，对信息资源统一规划，将碎片化信息有效整合，发挥信息"大数据"应有价值。

1. 建立"云＋端＋大数据"组合。整合系统管理工具软件平台，构成企业项目管理大数据应用基础。基层人员将数据源源不断传递到数据平台，形成企业数据中心"公司云"，在"公司云"的基础上运用"大数据"处理模式，实现现场数据的整合、分析处理，使得现场数据在"公司云"数据中心形成成套的数据和功能扩展。"企业决策端""项目管理端"及"个人数据端"根据自身需求以及权限，随机调取所需数据。实现数据即时查询、使用等功能，为企业领导决策、职能部门管理提供依据。

2. "大数据"下的风险管理。在"大数据"管理模式下建立风险预警体系，对各项管理指标设定风险预警值，经过数据分析系统自动对各项信息数值分析处理，起到对监理安全质量责任风险、企业财务经营风险、项目人力物力财力、监理服务满意度等管理风险防范预警。如监理安全质量责任管理风险预警，利用"公司云"数据汇集的一定阶段内各类检查发现问题，系统自动筛选分析近期高频发生同类问题，为公司安全、质量管理提供依据。

工程项目信息管理是一门前瞻性和预判性很强的管理科学，"用数据说话，让数据说话"成为新的发展方向。两年来，锦通公司积极探索利用大数据理念开展信息管理支撑公司发展、决策，推动管理工作向数字化、精准化迈进，获得各方认可，取得诸多成果。研究应用过程完成多项课题，其中《工程"大数据"档案创新管理》成果，获得中国电力建设企业协会颁发的QC成果奖。我们将砥砺前行，为实现信息智能化管理继续努力。

浅谈工程监理企业人才队伍建设

西安四方建设监理有限责任公司　李炜

摘　要：近年监理行业的发展态势急转直下，行业生存危机油然而生。如何大幅度提升企业人力资源这一核心竞争力，进一步做强赖以生存和发展的监理主业，显得尤为重要。本文在分析监理企业人力资源及其现状的基础上，从对人力资源素质的要求、增强人力资源服务这一核心竞争力角度，提出监理企业人才队伍建设工作中的重点任务。

关键词：工程监理企业　人才队伍建设　重点工作

一、引言

从 1988 年全面引入监理制以来，我国建设工程监理行业蓬勃发展，根据住房和城乡建设部公布的数据，2014 年末全国工程监理企业 7279 家，从业人员 941909 人，工程监理从业人员为 703187，全年承揽合同额 2435.24 亿元。但 2011~2014 年，这些数据增长率呈明显递减趋势，反映出监理企业受经济大环境和建筑业深入调整影响已进入新常态发展阶段的现实。新常态下，如何大幅度提升企业人力资源这一核心竞争力，进一步做强赖以生存和发展的监理主业，显得尤为重要和迫切。

二、监理企业人力资源及其管理现状

（一）人力资源现状

1. 监理企业高端人才少。2014 年年末，全国工程监理企业约 7300 家，注册监理工程师为 137407 人，每个企业平均不足 20 人，高端人才极少。

2. 监理企业年龄等结构不合理。现在一般监理企业中 35 ~ 55 岁的人员比例过低，有的不到 30%，而这一部分人从年龄结构上看，尚属年富力强、精力充沛、经验丰富、知识面较广、技术成熟的群体。不少监理企业中小于 25 岁、大于 60 岁的年龄段的人员比例不小，这些人要么经验不足、要么精力不济，很难适应监理工作要求。再就是一大批才出校门的大专院校毕业生，以大专生为主（名牌大学、本科生以上的则很少问津监理企业），他们主要是从事监理员的工作，目前还难当此任。

3. 临时聘用人员比例过大，流动率高。现在企业都实行聘用制，这里之所以加上"临时"二字，是指档案、人事关系不在本工作单位的人员。主要有三部分人：退休人员、其他行业下岗人员、虽聘用但未办理人事档案代理关系的人员。现监理企业人员流动率相当高，有的一年流动率占全部员工的30%以上，其根本原因是工资待遇问题，而流动人员中绝大多数是临时聘用人员。

4. 按照现行监理法律法规和规范要求，监理企业从组织协调能力、业务水平、专业技术、职业准则和综合素质的要求来衡量，现阶段能满足监理工作要求的人员比例不是很高。

（二）人力资源管理现状

1. 对高端人才的吸引力不足。

监理单位在工程建设五方主体中承担着和自身业务与取费不对等的建设管理责任，本就不高的政府指导价再向市场价过度，加上社会人工成本不断增长，进一步压缩了监理企业的利润空间、提高了运营成本。行业从业人员的责、权、利的不对等，薪金水平相对偏低，致使监理企业对优秀的大中专院校毕业生以及社会上工程建设高端人才的吸引力很差。

2. 企业用人"急招即用"，人才内部培养机制不完善。

目前监理企业的主要业务为施工阶段工程监理，"开工才用人"。很多监理单位为降低成本，尽量压缩招聘到上岗的时间间隔，最好没有时间差"拿来即用"，这样的用人模式很难使新员工站在企业的角度为业主提供满意的服务。企业培养人才很多停留在应急性培训的层次上，以取证、满足现场管理之亟须为主，没有对员工职业发展

进行规划，更谈不上以职业规划为指导进行的系统性培养。有的员工到公司很长时间但说不准确监理单位的名称。

3. 对项目现场一线人员的管理较为粗放，主要表现在：

（1）单位人力资源管理政策制度对一线人员的关注不够。目前很多监理单位的政策和制度中管理与重要的利益输出对象主要是总监、项目经理等核心人才，对一线人员的政策和制度建设重点主要放在了如何规范管理上，对他们工资待遇、考核激励、培养发展等核心利益的关注较少。

（2）单位对一线人员缺少以公司发展为指导的、符合工程项目实际的、系统全面的绩效考核办法。监理单位从事的业务均属于工程建设服务，如绩效考核不系统、不全面，业主方对监理单位人员能力素质不全面评价的分量就会加重，一线人员在业主方面前工作就显得战战兢兢，很难主动、高效地提供优质服务。

（3）薪酬制度对一线人员的激励作用不足。很多单位一线人员工资待遇主要以劳资双方"谈判"方式确定，项目用人急的时候可能谈高一点，不急时就谈得低一点，同一个项目同样能力、同样资历的员工的工资待遇可能会有较大的差别，"不平等"极大地挫伤了员工工作的积极性。另外，薪酬调整长效机制不健全，优秀人才的待遇与市场接轨的步子迈得不开，能力差的人员待遇缺少下降的

举措和空间。

（4）企业文化较少深入基层。文化是企业的灵魂，大多数监理企业都具有自身特色的企业文化，但很多文化理念依然停留在口号上、纸面上，没有入心入脑，甚至是部分一线人员的言语行动、工作方式与企业倡导的文化格格不入。

三、做强监理业务对人才的需求

严格来说，监理业是依靠技术和管理进行服务的特殊的知识密集性行业。监理市场的竞争靠的是技术和管理实力，而技术和管理实力主要靠的就是人才。监理人才作为监理行业"高智能"知识和"高水平"管理的载体，成为决定监理公司保持优势竞争地位的关键性因素。优秀监理企业人员应具备以下素质：

（一）组织协调能力。在目前中国特色的监理条件下，监理人员尤其是总监的组织协调能力显得特别重要。业主的认识和态度差异很大，监理经常会受"夹板气"，另外施工队伍差异非常大，明显地可分出三、六、九等。因此仅有技术和业务水平，是难以做好监理工作的。监理工程师尤其是总监，要有大局观，能审时度势，要有领导艺术。

（二）监理业务水平。监理要严格按照国家的有关法律、法规、标准、规范去履行自己的职责，如果不熟悉这些相关的法律、法规、标准、规范，是不可能做好监理工作的。监理的"三控制、二管理、一协调"工作，要求监理人员熟悉监理业务。

（三）专业技术水平。专业技术是监理工作的基础。没有较高的专业技术水平，不要说深层次地解决技术问题，就连在施工现场的施工人员也不买账。从监理要求而言，监理人员尤其是总监要做到本专业精通，其他专业粗通。

（四）职业准则与道德。在监理控制过程中，监理是握有一定权力的人员，这就要求其本身具有良好的职业道德，要受职业准则的自律约束。随着监理制的深入发展，对监理人员的"为人"要求要放在首位。

（五）综合素质与人格魅力。这是更进一步的要求，尤其对总监就要有一定的综合素质要求。有人格魅力，则往往是个好"领导"。知识面广、文字功底好、口才好、外交能力强都是综合素质的体现，也是监理公司最需要的一类人才。

四、监理企业人才队伍工作重点

人力队伍建设是企业人力资源管理的重中之重，笔者以为要抓好队伍建设，需要重点做好以下几件事：

（一）把高层次人才引进放在首位。近年来，监理企业转型发展步伐加快，监理主业的类型和范围不断扩展，部分先知先觉的企业的监理业务已经走出国门。从国际监理业务发展历史以及我国对监理行业的规划看，高层次人才竞争是未来监理业务竞争的关键，因为只有高素质的专业监理人才才能提供高附加值的监理服务，高附加值的监理服务是未来获得业主肯定和较高服务费用的根本。要在监理行业抢占制高点，高层次人才的数量和质量至关重要，虽然行业内具有注册监理工程师执业资格的人员较少，传统监理行业赖以生存的建筑业下行压力巨大，但不能因此减少或降低招聘、引进人才加盟企业的力度，不能丢掉赢得未来发展的核心资源。

（二）严把招聘关口，选用优秀人才，加快不合格人员淘汰。建筑业萎靡不振之际，正是监理企业招聘人才、助推企业做强主业转型发展的良机。根据监理行业的特点、发展趋势及市场人力资源供给的实际，监理企业应当放弃"急招即用"的用人思路，应抓住机遇，按照监理规范要求或更高层次要求招聘和使用优秀人才。一方面严把招聘关，采用笔试、专业测试的方法考察专业能力，采用结构化面试、情景测试等方式考察基本素质，以合理的待遇吸引并留住优秀人才；另一方面要通过考试、考核等办法尽快淘汰以前因快速发展盲目应付招聘的不合格人员。促进监理人员年龄、专业、素质结构的调整。

（三）常态化培训，系统化培养。抓好上岗前培训、企业精神培训、必要的专业技术培训（特别是新技术、新工艺、新设备、新材料）、薄弱环节培训并使之常态化，保证企业监理人员队伍始终处在能做好工程监理业务的意识和知识、技能水平上。应建立员工职业生涯规划体系，重点做好系统化培养，把一线人员中年纪轻、业务能力强、会沟通、想进一步向管理岗位发展的专业监理工程师、监理员作为重点培养对象，设置监理理论、工程项目管理、相关法律法规、组织领导力、沟通协调力、企业文化等系统化的培训课程，让愿意从事监理工作的优秀人员脱颖而出，快速成为企业中能挑重担、能为业主创造更高服务价值的骨干。

（四）建立和完善绩效考核体系。考核与激励是激发队伍活力的重要工具。监理属于咨询服务行业，不同于生产企业。但考核的最终含义是一样的：一是过程，二是结果，而且最终是以结果即对企业的贡献来决定的。一套符合企业实际、助推业务发展、能发现不足、激励性强的考核体系，应掌握监理人员工作状况，业主反映（顾客满意度）、相关各界评价，最终结合项目效益情况得出考核结论。

（五）逐步扩大"在编"人员比例。监理企业需要有一支相对稳定的监理队伍，目前以临时聘用人员占主体的现象必须得到改变。从就业心理角度看，相对稳定也是就业人员的期望之一。从监理企业的长远利益考虑，企业应逐步扩大"在编"人员，及时为这些员工办理人事关系、组织关系、养老保险，及时申报职称评定，并在企业发展的同时，逐步提高待遇。

（六）队伍建设更多地关注一线人员。一线人员是监理队伍的主体，是企业创造价值的中心，一线人员队伍素质的高低、能力的强弱影响工程建设的质量，关系到公司声誉和发展。队伍建设应将更多的精力投入到对一线人员的培训培养、考核激励、文化植入等方面，为一线人员疏通职业发展通道，提高他们对企业的归属感和价值认同，提升其知识层次和技能水平，研究并制定、执行科学的薪酬激励办法，为大家搭建公平、公开的竞争平台等。

五、结语

队伍建设是人力资源工作的中心，在监理行业深刻变革阶段，队伍建设工作的重要性更为凸显。监理企业应认真研究、采取各项有效措施，全力提升监理从业人员组织，建设起一支忠诚稳定、综合素质高、结构合理、富有活力、促进企业发展的人才队伍。

参考文献

[1] 窦军帅.谈监理队伍建设与人才培养[J].山西建筑，2016（2）.
[2] 许晔，许旼.我国监理行业转型方向与对策研究[J].建筑经济，2016（4）.
[3] 余蕾.浅论监理企业如何解决人力资源问题[J].科技导向，2014（17）.

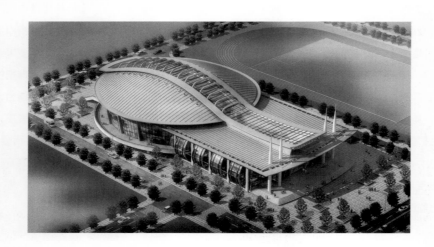

加强项目监理团队建设，发挥1+1＞2的团队效能

扬州市金泰建设监理有限公司　缪士勇

众多学者认为成功企业的特点是快速、灵活和基于知识，而发展这些特点方法之一就是利用团队。完成一个高质量的项目需要优良的检测设备、先进的技术等相关条件，但最重要的还是人的因素，离不开一支优秀的项目团队。对于监理企业而言，运用项目团队来完成项目监理任务已经成为监理企业在监理部管理中的普遍现象。在监理行业竞争日益加剧的今天，项目监理需要一个高效的、具有凝聚力、向心力、号召力的监理团队，加强项目监理团队建设，运用好团队的管理，发扬团队精神，形成1+1＞2的团队效能，对促进监理企业的健康发展，提升监理企业的竞争力有着极其重要的作用。

怎样建设一支高素质的项目监理团队，并使其保持较强的活力和较高的工作效率，就成为监理企业项目管理中的重要环节之一。

一、项目监理团队建设及其意义

项目监理团队应是在一定时间内，由一定数量、相互之间技能互补的、具有共同信念和价值观、愿意为共同的特定的目的和工程项目业绩目标而奋斗的一群相关监理人员组成的群体，具体来讲就是充分运用相关资源为了实现某个项目或任务这样的共同目标而组建的利益共同体和有机整体，它的特点是目的明确、管理层级少。

当今社会经济环境不断变化的情况下，项目监理团队建设是监理企业人力资源管理的一个重要内容，强调团队合力，注重整体优势，使监理人员有一种归属感。项目监理团队在项目运作中有着非常重要的作用，项目监理团队建设有利于激发监理员工的积极性和创造性，可以使监理员工拥有一个宽松、自主的环境，提高监理企业的绩效；有利于增强监理企业内部和外部的交流和合作，提高监理企业应对环境变化的能力和创新能力；有利于项目监理成员自我实现需求的满足感；有利于改善监理组织的决策过程和提高决策质量等。

二、项目监理团队建设主要存在的问题

（一）监理团队建设没有明确的目标

成功的监理团队总是着眼并着手于短期目标。一些监理企业过分注意主要目标的远期前景，监理目标的设定经常失败。正确的监理目标设定应从整个监理团队为之奋斗的最终目标开始，然后在监理团队成员的参与下，将这一最终目标分割成为一系列相互关联、易于操作的短期监理目标。

（二）建立团队执行力不强

项目监理团队中监理成员责任感不强，做事马马虎虎，敷衍了事，监理工作质量不高；还有的组织纪律性涣散对公司的决定和要求不求甚解，不认真执行，监理工作质量大打折扣，不仅降低了监理工作效率，还影响了监理企业的有效运行。

（三）监理团队成员间缺乏融洽和谐的氛围

监理团队成员间存在缺乏信任，互相戒备的现象，这种现象同样也会出现在监理企业团队内部。在监理团队建设中，信任是高效团队的核心，没有了信

任，团队将不能发挥它的作用。监理成员之间都不愿敞开心扉，承认自己监理工作中的缺点和弱项，最终导致监理成员之间缺乏信任、内耗严重，从而影响了监理团队的绩效，削弱了企业整体的竞争力。

（四）监理团队学习力弱，业务素质偏低

在监理团队建设中，监理人员学习力不强，部分监理员工缺少忧患意识，一些员工满足于已有的监理知识和经验，不积极学习新知识，也不自觉开展横向学习。另外，公司使用一些学历、监理业务素质不高的监理人员，给监理团队建设带来了障碍，发展空间有限，后劲不足。对监理员工未有效进行绩效考核。

（五）缺乏有效的激励机制建设

正确的激励对一个监理团队建设来说有不可估量的作用，它不但可以挖掘团队监理成员的潜力，而且还可以调动监理团队成员的积极性，进而提高监理工作效率。但是项目监理团队建设过程中，往往不能建立正确的激励机制，导致激励产生负面影响，存在把激励等同于鼓励、不重视精神激励、实施平均分配等问题。

三、加强项目监理团队建设的几个方面

项目监理团队建设是监理企业、项目总监和项目监理团队成员的共同职责，在建设过程中应创造一种开放和自信的气氛，使全体监理团队成员有统一感和使命感。优秀的监理团队建设并非一蹴而就，从开始到终止，是一个不断成长和变化的过程，需要经历初创期、磨合期、规范期、成熟期和解散期等阶段，基本上与工程项目的生命周期同步。

以下是笔者对项目监理团队建设的几点浅见，与同行交流。

（一）明确的目标

统一的目标是团队建设的关键。项目监理部成员有共同的工作目标，是项目监理团队一个鲜明的特点。首先确保项目监理成员对项目目标有清晰的认识和理解，即圆满完成监理委托合同规定的内容，让监理成员清楚自己要做的监理工作，组织结构要清晰，岗位要明确，工作流程简明有效，激励团队监理成员把个人的目标升华到群体目标中去，这样监理人员可以清楚地知道自己做些什么，以及怎样共同工作完成最后的任务。因为有着共同的监理团队目标，所以能从根本上激发每位监理成员的主观能动性，也正是有了主观能动性，所以大家可以紧密地联合在一起，恰恰是这种紧密的联合，增强了项目监理团队的凝聚力。

（二）良好的沟通

一个好的项目监理团队的重要特征之一是具有充分交流沟通的体系，它能够促进个体知识的共享，从而有效地改进整个组织的学习，促使学习型组织的形成。项目监理团队中所有监理成员应该及时有效地沟通，形成开放、坦诚的沟通气氛，从而能够获得比个体成员绩效总和更大的团队绩效。监理成员间通过相互的信任和承担责任，产生群体的协作效应，促使成员间相互关心、理解，彼此认同，实现成员间的有效沟通，在监理成员中彼此作出建设性的反馈。

良好的沟通是建立在沟通双方相互了解和理解的基础之上的，包括交流信息、想法、感情，作为团队建设的监理企业的领导层及项目总监要善于倾听，多了解和理解你的沟通对象并能够接纳其他监理人员的意见，了解他们对自己工作和个人监理职业发展的一些真实想法，而不是经验主义和个人主义，同时，要定期和项目部监理成员进行单独的沟通，时时提醒监理成员，他们都是团队的一分子。加强项目监理团队的沟通，方能利用集体智慧，同时也能够促进项目监理团队精神的养成。

（三）协作的精神

是否有强烈协作精神对项目的成败起着至关重要的作用。团队精神的核心在于协同合作，一个再优秀的项目监理成员如果没有团队观念，不愿意和其他监理人员协作那也是不适合待在项目监理部中的，由于项目监理部人员角色和分工的细化，单靠个人的技能和力量是根本无法完成项目的目标和任务，这更需要有一个强烈责任感的团队，岗位分工协作，来共同

达成项目的目标。一个高效的团队，协作是以相互间的信任为前提的，每个监理成员明确自己的角色、权利、任务和职责，以及与其他人员之间的相互关系。项目监理部团队之间的协作无处不在。举个简单的例子，项目工程中，总监与总监代表、总监代表与专业监理工程师、专业监理工程师与监理员、土建监理与水电监理，等等，这种协同工作产生的整体效力无法通过数量的叠加形成，可以说协作的品质是影响团队凝聚力的绝对指标。如果项目监理部成员之间没有很好的协作精神，主动沟通去解决问题，那么工程项目质量就无法得到有力的保证。

（四）竞争的机制

项目监理团队在组建之初，企业领导及项目总监对团队成员的特长优势未必完全了解，分配监理任务时自然也就不可能做到人尽其才，才尽其用。在项目监理团队建设中引入竞争机制，一方面可以在项目监理部内部形成"学、赶、超"的积极氛围，推动每个监理成员不断自我提高；另一方面，通过竞争的筛选，可以发现哪些监理人员更能适应某项工作，使不胜任的监理人员退出项目团队，保留最好的、剔除最弱的，从而实现团队结构的最优配置，激发出团队的最大潜能，有利于项目监理部团队结构的进一步优化。

（五）有效的考核

项目监理团队的考核与其他常规考核一样，仅靠考核远远不能解决业绩管理的问题，更重要的是把项目监理部业绩考核和激励机制的建立有效地衔接，实现业绩管理体系与监理员工薪酬的联动，真正把考核的结果落实到实处，是团队考核实效最有力的保证。项目监理部绩效考核要素设置不能过于抽象笼统，仅仅依靠企业领导及总监的个人印象打分，监理员工绩效考核成绩不能真正反映员工的工作努力程度和贡献大小。没有真正意义上的绩效考核，监理员工的努力和贡献，难有客观工作评价，功过不明，干好干坏一个样，员工工作没有热情和主动性。项目总监可以代表监理企业对团队的监理成员有明确的考核和评价标准，做到公正、公开、赏罚分明。

（六）相关的技能

高效的监理团队应是由一支有能力的监理人员组成，他们应具备实现监理目标所必需的丰富的专业知识、技术和能力，而且拥有相互之间能够良好合作、协调的个性品质，从而出色完成监理任务，这就需要监理团队的成员勤奋、敬业、忠诚、主动、全身心地投入到监理企业的业务上，不断地学习国家的法律、法规、强制性条文、新工艺、新设备、新材料等使自己的理论水平和实践经验不断提升，努力成为团队建设的复合型人才。

（七）优秀的领导

监理企业的领导者需要具备强烈的团队使命感。作为高效团队的领导者往往担任的是教练和后盾的角色，应了解、理解项目团队监理成员的心理，尊重他们的要求，用一种"服务管理"的心态，通过自己的组织协调能力以及令人拥戴的领导魅力去影响、引导项目监理团队成员按照既定的方向完成监理目标，可以提醒可能的风险和困难，并对他们提供指导和支持，而不是监管、控制的心态，试图去控制他们，因为一线的监理人员对实际情况更清楚。优秀的团队领导应能够激励每个监理成员具有责任感和自制力，对团队忠诚，能促使监理团队内部的信息畅通，能高效地处理团队与外部人员的关系，从而保证监理团队工作的效率。

四、结语

项目监理团队建设是一项控制难度很大、实践性很强的工作，出现这样那样的偏差在所难免，但只要坚持以人为本的原则，勤于探索、注重实效、大胆创新，真正培养出团队的凝聚力和向心力，形成项目监理团队独有的核心竞争优势，发挥 1+1 > 2 的团队效能，从而提高监理企业的竞争力。

参考文献

[1] 浅谈监理机构团队建设，宜春学院学报，2010．
[2] 浅谈监理企业人才队伍的建设，建筑工程技术与设计，2015．
[3] 项目监理机构的团队建设之我见，建设监理，2014．

借助信息化平台实现监理企业管理和服务品质提升

西安高新建设监理有限责任公司　张涛

摘　要：针对信息化平台建设过程的总结，信息化技术的应用对企业管理效果提升和监理服务水平提升和促进作用的分析，为企业在信息化平台建设和应用提供参考。

关键词：信息化　管理　监理服务

随着企业的发展扩大，公司承担监理的项目逐渐增多，传统的管理手段已经制约了企业的快速发展，在信息技术快速发展的今天，如何把握住市场发展方向，应用信息技术提升企业管理水平，提高企业监理服务水平，为企业的快速发展提供技术、管理支撑是每一个监理企业迫切需要解决的问题。

西安高新建设监理有限责任公司是陕西省省属首家综合资质的监理企业，公司自 2001 年成立以来，经过快速发展，已发展到拥有 2 个分公司、5 个监理处、2 个办事处和 1 个项目管理事业部共10 个下属单位，业务范围涵盖房屋建筑工程、市政道路工程、城市热网工程、燃气工程、机电安装工程、电力工程等工程监理及项目管理领域，项目地域分布广，监管难度大。为加强公司对项目工作的管控力度，提高公司管理成效，促进公司监理服务水平更加科学化、规范化、标准化，提升建设单位对项目监理服务的满意度，巩固市场地位，使企业在市场竞争的浪潮中立于稳步前行，经过公司管理层的深思熟虑，启动了公司信息化建设工作。

一、信息化建设实施过程

1. 成立信息化小组

信息化工作开展初期，公司成立了信息化工作小组，由公司管理经验丰富的专人担任组长，统筹管理公司各职能部室人员参与。由信息化小组负责与软件公司的沟通、协调，保证供需双方在建设理念上的融合。

2. 梳理企业重点工作

在信息化建设前期，公司各部门根据公司发展规划，结合本部门业务管理范围，梳理出本部门重点工作，确定部门核心业务，通过业务梳理，提出符合公司发展和管理特点的信息化需求。以品质管理部为例，结合行业发展趋势及建设行政主管部门重点工作开展情况，通过多次筛选，最终确定了以监理服务为核心，围绕项目台账、项目部管理、文件审核、项目检查、工程质量验收、风险管理、客户管理、工作报告、竣工管理共 9 个模块管理部门各项工作的开展。

3. 信息化平台选择

平台选择的优劣确定了信息化建设引用的效果，为保证平台功能与公司管理特点相适应，公司先后参观了行业中信息化建设取得成效较好的几家公司，并先后与多家软件公司进行接洽，最终确定选择珠海世纪通信网络科技有限公司的"监理通"软件，通过优化设计，形成符合企业管理特色的信息化软件平台。

4. 信息化工作实施

在公司需求与软件平台融合期间，信息化小组将公司需求分为两个方向进行实现。

第一部分为在公司领导层、各职能部室、各下属单位界面显示的主要内容，此部分内容由各职能部室进行整理并负责与软件公司沟通，由软件公司负责对平台进行优化设计，最终确定的内容包括以下部分：

第二部分为面向项目部一级及项目部员工一级展现的界面，主要以项目部内部管理和项目监理工作为主，该部分由项目管理经验丰富、专业技术知识精通的专职人员负责，最终确定的界面及内容如下：

项目菜单 ×	基本信息 ×
项目基本信息	▶
公司内部管理	▶
监理文件管理	▶
资质管理	▶
施组/方案审核	▶

5. 确定试点项目，联测软件运行效果及评估其适用性

信息化平台建设的目的是优化各项工作的流程，促进项目工作的方便落实，其必须具备较好的用户体验，方便用户操作执行，不能因软件的应用增大项目工作难度，增加项目的工作量。

确定试点项目，通过项目运行测试分析项目在信息化平台应用过程中出现的各类问题。是否使用方便、能否促进项目管理、促进项目资料收集整理提醒项目工作内容、是否便于项目人员掌握等都是需要进行深入考虑的问题。通过各职能部室、下属单位、项目部三级联动测试，查看各会签流程、业务管理内容的实现效果，综合评估软件功能与企业需求的适用性。

6. 问题处理，逐步完善

试点项目与各职能部室每日就存在问题进行交流、记录，针对有争议的部分每周组织召开一次内部会议，进行讨论并形成处理意见。通过试点项目、各下属单位和各职能部室的试用，对存在问题与软件公司进行沟通、调整，不断完善，使软件更加适合公司管理特点。

7. 确定人员权限

每一个企业都具有自身独特的管理特点，系统权限划分清晰，使系统能够在事件处理上保证节点设置的唯一性，避免责任划分不清，造成管理效率低下。高新监理公司采用三级管理模式，在系统上线启动之前，针对每一岗位的权限做出了详细的划分，保证在每一流程处理上的唯一性和可追溯性。

8. 编制使用指南，培训使用人员

系统启用前，信息化引用小组及各职能部室针对平台各模块的使用方法进行整理，编写相应的操作使用指南，同时分批次对监理通软件的操作进行培训，让各层级使用人员掌握系统的操作技能，理解各模块功能及使用的目的。通过全员覆盖模式的培训，保证各层级员工在软件使用上能够达成一致，避免了上线后使用不畅的问题。

9. 系统上线启用

系统上线启用前，必须完成所有模块的测试使用，保证各模块使用时运行正常，同时确保各操作人员掌握软件功能及流程，防止因使用项目的增多，操作人员技能的差异造成系统运行的不畅。

10. 持续改进，不断完善

系统上线启用后，使用单位由试点的几个项

目增加至百余个项目，势必会出现在测试期间未发现的问题，信息化小组及各职能部室要及时与各下属单位、项目部进行沟通，找出问题根源，提出解决要求，并通过软件公司对系统的优化，不断完善，实现系统的优化改进。

二、信息化对企业管理的提升促进

管理是在特定的环境下，对组织所拥有的资源进行有效的计划、组织、领导和控制，以便达成既定的组织目标的过程。通过信息化平台的建设，就是要解决企业在有限的资源条件下，提高企业的计划、组织、领导和控制的效率，更好、更高地实现企业的既定目标。

通过信息化平台建设，实现企业管理的创新，提高企业的核心竞争力，不断提升企业的管理能力和长期的获利能力。

1. 利于实现管理流程的科学化和固定化

企业流程是企业管理的核心，是企业各项工作实现的必经过程，流程设置是否合理，实现是否顺畅都是影响企业管理实现的重要因素。结合监理通软件特点，重新梳理流程，首先将原有各流程——进行列出，评估其实现过程中各节点必要性和合理性，对不合理的流程进行重新设计，对不必要的节点进行删除，达到流程在平台上实现快速化、程序化、规范化、自动化，提高企业管理效率，节约企业管理资源。

2. 利于提高企业风险管理能力

工程质量治理两年行动的实施，规范了建筑市场环境，监理企业管理风险和监理人员的职业风险加大，加强风险管理，是企业发展的基础。

通过信息化平台，加强对总监工程质量承诺书签订审批、关键岗位人员信息和危大工程的管理。在公司层面上能清楚知道各项目总监承诺书签订情况，各项目关键岗位人员在项目履职情况，确保公司在人员信息管理上完善。项目监理部对项目危大工程的日常管理记录在信息化平台上，方便公司及时掌握各项目危大工程实施情况，及时提醒和帮助项目规避和处理

不安全状况，保证在监项目安全进行。

3. 利于公司对项目组建、撤销情况管理

企业管理的核心内容是对项目的管理，而项目具有其特殊性，即在特定的时间段内完成一定的工作内容。项目监理工作的主要时间段自项目开工至项目竣工验收，因此项目组建和项目撤销是项目监理工作的重要节点，加强对项目组建和撤销的管理，是对项目管理的一项重要工作。

利用信息化平台固化流程，实现项目组建和撤销信息在公司各职能部室和公司领导层中的流转，清楚掌握组建和撤销项目情况，避免出现项目信息盲点和职能部室意见沟通不畅的问题。特别是项目撤销时，通过信息化平台，能清楚了解项目各项工作完成和资料移交情况、项目结算办理情况等，便于做出正确决定。

三、信息化对企业监理服务工作的促进

西安高新建设监理有限责任公司作为一家具有综合监理资质的公司，始终把监理服务品质作为公司发展的重要支撑，通过不断提升监理服务品质，提高客户满意度，巩固企业市场地位。

1. 利用信息化平台有利于提升公司内部管理成效

传统的管理手段难以对项目信息及时全面的掌握，特别是在项目数量较多时，传统的 excel 表格不能做到项目信息的实时更新，每次更新耗时耗力且容易出现错误和疏漏，造成决策判断失误。

通过在监理通软件上设置工程监理模块，实现对在监项目信息的汇总，并对项目信息实时更新，准确反映项目合同、人员、开竣工时间、施工状态、文件编制审核情况等基本信息，方便管理部门了解掌握项目信息，同时释放了公司管理人员精力，提升管理效果。

2. 利用信息化平台有利于提高监理文件编制质量

通过在监理通软件上设置固定流程，审批监理文件，每一审批节点人员修改及审批意见都会在系统中显示，促进审核人员提高审核的精度，督促项目

提高文件的编制质量。通过大量审核记录的统计分析，能够清楚地分析出项目在文件编制中存在的共性问题，利于公司技术支持部门针对性地进行指导，达到普遍提升的目的。

3. 利用信息化平台有利于合理安排内审检查工作及分析其工作成效

内审检查工作是公司对项目工作实施情况进行核实的手段，根据公司内部管理要求和内审检查效果要求，合理安排项目的检查时间和检查频次，是保证实现内审检查目的的前提。我们在软件系统中设计了统计功能，对项目检查次数和存在问题进行统计记录，能清晰展现各项目接受建设行政主管部门、公司和下属单位检查的次数及存在的问题，防止出现检查遗漏情况。通过检查次数统计表，可直接查看受检项目记录，全面掌握受检项目存在问题，分析问题出现原因，为公司指导项目提高服务水平提供依据。

4. 利用信息化平台有利于提高项目质量、造价控制和安全管理工作成效

质量、造价控制和安全管理是项目监理工作的重要内容，也是监理工作的核心，此部分工作效果的好坏除了关系到项目本身外，也关系到建设单位对监理公司的信任，是公司保持客户稳定，持续发展的前提。通过在项目部管理界面设置质量控制、造价控制、安全生产履职管理等单个模块，列出项目日常工作需要完成的内容、时限和标准要求，规范监理人员的工作行为，能有效地促进监理人员工作的落实，保证落实标准的统一，为公司整体监理服务水平保持一致提供支持。

四、结语

企业的发展应当适应行业发展的趋势，信息化技术的应用能为企业的发展提供新的思路，能够有效提高企业管理水平，加快企业的发展，同时我们也要认识到监理企业立足的根本，就是要为建设单位提供优质的监理服务，使我们的客户满意，才能使我们在激烈的市场竞争中脱颖而出。运用信息技术的目的就是要通过信息技术手段不断提高公司的管理水平，保持监理服务水平的统一性、规范性，达到监理服务的标准化。

落实党风廉政建设"两个责任" 规范新体制下权力运行

武汉铁道工程建设监理有限责任公司　葛京花

权力问题是党执政的核心问题，是体现党的先进性的本质问题，也是反腐倡廉的重要问题。以落实党风廉政建设"两个责任"来规范新体制下权力的运行，建立健全权力运行监督制约机制，是一个关系党和国家前途和命运的重大问题，也是切实维护铁路建设市场良好秩序的重要问题。本文试从这方面结合铁路建设管理和本公司的实际情况作一些思考和探讨。

一、落实"两个责任"对全面推进党风廉政建设和反腐败斗争具有深远的意义

1."两个责任"体现了党风廉政建设和反腐败斗争的制度创新。党的十八届三中全会对加强反腐败体制机制创新和制度保障进行了重点部署，提出了落实党风廉政建设责任制，党委负主体责任，纪委负监督责任的"两个责任"改革举措，明确提出党委负有党风廉政建设主体责任，这在党的历史上是首次。"两个责任"的提出，是从党和国家全局的高度，以党风廉政建设和反腐败斗争为主线，科学回答了如何坚持"党要管党、从严治党"这一重大理论和实践问题；"两个责任"的提出，进一步丰富了中国特色反腐倡廉理论体系，发展了落实党风廉政建设责任制的基本格局，是新形势下党风廉政建设和反腐败斗争重要理论的创新成果；"两个责任"的提出，抓住了党风廉政建设和反腐败斗争的关键环节，是十八届三中全会关于全面深化改革部署的一个重点，为我们强化责任落实、严格责任

追究指明了方向；"两个责任"的提出，进一步明确认定了党委和纪委两个治理主体要承担党风廉政建设责任制的职能、权力和责任。中央、中央纪委对落实"两个责任"的重视程度之高，推进力度之大，充分说明了落实"两个责任"在整个党风廉政建设和反腐败斗争中的战略地位和重要作用。

2."两个责任"明确了党风廉政建设和反腐败斗争的责任主体。落实党风廉政建设，党委主体责任和纪委监督责任是党章赋予的重要职责，是深入推进党风廉政建设和反腐败工作的关键。如果责任不明确，出了问题不追究责任，反腐败这个艰巨的任务就不可能完成，党要管党、从严治党就会成为一句空话，从体制机制上解决制约反腐败向纵深发展的深层次问题，其中一个很重要的方面就是厘清责任、落实责任。党委是参加廉政制度关系的主体，是落实党风廉政建设责任制的权利享有主体和责任承担主体，是党风廉政建设责任制这个制度责任的承担者。纪委是党风廉政建设责任制的监管主体，基本职能是抓好事前预防、事中控制和严肃查处腐败案件，追究有关人员的责任。两个主体、两个负责制相辅相成，它们共同构成中国党风廉政建设责任制基本责任制度。各级党委、纪委组织只有增强政治自觉，把思想认识和行动统一到中央的部署和要求上来，层层传导压力，一级抓一级，各司其职、各负其责，以上率下、示范带动，把落实好"两个责任"作为一件大事抓紧抓实，才能确保党风廉政建设和反腐败工作各项任务落到实处。

3.落实党风廉政建设"两个责任"的根本在

于敢于担当。习近平总书记指出"坚持原则、敢于担当是党的干部必须具备的基本素质。"权力意味着责任，责任就要担当。敢于担当，就是要求各级领导干部不能仅仅是洁身自好，而是既要管住自己，还要敢抓敢管，敢于动真碰硬，管住自己的人，种好自己的田。责任追究既是手段也是保障，现在一些领导对干部身上出现的作风问题、腐败问题不愿提不愿管，怕得罪人，怕承担失察和监督责任。甚至一些地方窝案串案丛生，有的领导干部连一点反思和愧疚都没有，连自我批评都没有，这实际上就是不敢担当。不担当是失职，也是一种腐败，必须要追究责任。党委、纪委或其他相关职能部门都做到守土有责，党要管党、从严治党，才不会成为纸老虎、稻草人，反腐败斗争才有坚实依靠。全面落实"两个责任"，既是贯彻党要管党、从严治党的必然要求，又是推进国家治理体系和治理能力现代化的迫切需要，也是推动改革发展稳定的坚强保证。

二、深入落实"两个责任"可强化铁路建设领域廉政风险的防控

1. 铁路工程建设领域廉政风险问题值得高度警惕。近年来，铁路建设规模一直处于高位运行，涉及建设、设计、施工、监理等单位和政府部门，也涉及勘测设计、招投标、现场管理、验工计价、物资采购、资金拨付、概算调整等诸多环节，每个方面、每个环节的工作都存在不同程度的廉政风险。首先是违规插手干预和围标串标的空间仍然存在，招投标管办分离改革是压缩违规插手干预空间的源头性工作，评标前、中标后的廉政风险很可能

会增大。其次是有"蛋糕"可分严重腐败行为还可能发生，腐败与反腐败博弈不会因为刘志军等案件的查处而停止，在年投资额以千亿元计的"蛋糕"前，是否所有人都能真正吸取教训、永远收敛？特别是管办分离等新的办法推行后，制度中存在的一些缺陷还需要不断完善，只要有可观的利益就会有人敢于博弈。近年来，从中央到地方都相继出台了很多规范来制约工程建设领域职务行为的文件，全国范围内也相继开展了工程建设领域突出问题专项治理活动。但事实上，由于手握权力者经不起廉政考验、稳不住心神、经不住诱惑、守不住底线、滥用权力、越轨逐利，严重干扰市场经济秩序，直接损害人民群众利益，严重影响党群干群关系，阻碍科学发展与社会和谐稳定，越发引起社会各界的关注。习近平总书记指出"扬汤止沸，不如釜底抽薪。要从源头上有效防治腐败。"针对铁路建设项目招投标移交后的实际，重点在依法合规、加强监管、完善制度、严格自律等方面下功夫。

2. 依法合规是切实维护铁路建设市场良好秩序的根本。对铁路建设来讲，不依法合规就是最大的廉政风险，严格执行并真正落实建设程序，严守环保评审、项目审批、征地拆迁、招标投标、质量安全、投资控制、变更设计、竣工验收等建设程序规定，才能切实维护铁路建设市场良好秩序。一是加强和改进招投标监管工作。继续规范招投标活动，坚决杜绝化整为零、邀请招标等规避公开招标的行为；正视和分析移交后场内交易中存在的违规插手干预、围标串标问题，进一步规范招投标管理，把住招投标这一关。二是加强工程中标后的监管工作。加强合同监管，防止合同实质性条款与招投标文件出现重大差别和造价明显波动情况；加强

变更监管，防止通过变更设计随意增加项目或提高工程造价，谋取不正当利益；加强现场监管，防止挂靠、出借资质和转包违规分包问题；加强结算监管，杜绝超估冒验或虚假验工等现象。三是加强过程的监管工作。在工程合同上，检查合同签订、合同管理、合同履行等方面是否依法合规；在资金使用和管理上，检查资金使用与管理是否执行有关制度，确保归口规范、专款专用、安全保障；在物资供应上，检查物资供应的过程是否规范透明，防止简化程序、暗箱操作、以次充好，杜绝损公肥私、权钱交易等违纪违法行为；在工程建设程序和过程管理上，检查工程建设法律、法规、制度和纪律是否认真执行，工程建设过程管理责任是否落实到位，防止和扭转简化程序、习惯性违规的不良做法；在财经纪律上，检查各项财经法规、制度是否认真执行，确保各项日常财务管理和会计核算基础工作规范有序。

3. 完善制度是切实维护铁路建设市场良好秩序的基础。进一步修改完善建设工程项目廉政风险防控制度和办法，深化研究运用科技手段防控廉政风险问题，研究建立"制度＋科技"的廉政风险防控；操作运用计算机信息系统，从而实现建设工程项目的过程管理与廉政风险防控融为一体，实现各个风险点由计算机系统适时自动防控。对原有廉政风险防控制度和办法，尽快按交易平台移交地方后的新形势，有针对性地加以修改完善。在总结近两年按防控制度和办法开展实际防控工作经验的基础上，针对人工操作上的问题和不足，研究建立计算机自动控制信息系统。加大质量、信誉信息在市场准入、资质审查、招投标等监管环节中的应用，尽快与全国联网，形成"一处失信、处处受制"的信用监管体系，努力营造诚实守信的建设市场环境。

4. 严格自律是切实维护铁路建设市场良好秩序的根源。习近平总书记多次教导我们"打铁还需自身硬"，加强党性修养、坚定理想信念、筑牢思想道德防线、弘扬良好作风、打造过硬素质，对干部健康成长十分重要。每一个掌握相关权力的人员，都要凝神聚力抓好理论学习，提高自身素质，增强政治敏锐性，深刻吸取典型案例教训，自觉增强自律意识和拒腐防变能力，走好人生的每一步。要做到严格自律，就要过好政治关、权力关、金钱关、交友关、生活关和家庭关，做到慎余、慎独、慎微，耐得住寂寞，守得住清贫，经得住诱惑。

三、落实"两个责任"创建廉洁自律的监理队伍

监理队伍的廉洁自律问题，也是安全风险防控的重要内容，监理人员的从业行为直接影响着工程的安全、质量、投资和工期，监理公司如何在新体制下落实"两个责任"，有效防控廉政风险，如何规范权力运行，是我们要好好思考的问题。

1. 明确责任，做到三个结合。明确党风廉政建设和反腐败重点工作的"两个责任"分工，固化监理执业中应遵循的基本要求，量化监理执业中应遵守的行为规范，在实施党风廉政建设的过程中做到三个结合。一是把廉政建设与标准化监理站建设相结合，规定总监是监理项目党风廉政建设的第一责任人，以解决"管项目不管监理执业行为"的现象。二是把廉政建设与监理项目管理相结合，公司总经理与项目总监、试验室、部门负责人签订《安全质量风险抵押责任状》《党风廉政建设责任书》，杜绝"要人用人不管人"的问题。三是把廉政建设与安全质量包保相结合，公司领导在包保安全、质量的同时还要包保党风廉政建设，并与所分管的部门和包保的监理站同奖同罚。

2. 强化监管，做到"四亲自、四有"。党风廉政建设党委负主体责任，公司正职是党风廉政建设的第一责任人，要做到"四亲自、四有"，即对纪检信访举报要亲自审阅，有回复；对纪检上访人员要亲自接待，有回访；对纪检案件要亲自处理，有结案；对"六管"人员亲自进行教育和监管，有效果。

3. 多管齐下，加强队伍管理。工程项目监理从业人员必须具备良好的职业道德，不仅要有强烈的廉洁自律意识，而且还要具有严格按照工程技术

规范开展监理工作的能力。一方面要加大党风廉政建设教育工作力度，教育监理人员廉洁从业、廉洁自律、遵纪守法，在思想上筑牢道德防线；另一方面要制定《监理人员廉洁自律行为准则》，对监理人员进行廉政风险管理的警示，让监理人员自觉规范工作行为；同时，发现监理人员有不廉洁行为的必须严肃查处，绝不心慈手软，对害群之马坚决清出监理队伍。

4. 重视过程，规范从业行为。以党风廉政建设为抓手来规范监理人员的从业行为，以规范行业行为促进党风廉政建设，把党风廉政建设与监理工作同部署、同落实、同检查、同考核，坚持开展"两定、两不定"活动，即定期开展党风廉政建设教育，定期研究党风廉政工作中存在的问题，不定期到施工单位了解监理人员的从业行为，不定期检查监理人员的廉洁自律情况，杜绝监理向施工方索拿卡要的现象。

5. 控制源头，做到四个坚持。一是坚持"三重一大""四项"经济活动集体决策；二是坚持监理项目投标集体评审；三是坚持做好警示教育在先、预防关口前移，认真做好事前、事中、事后的自律工作；四是坚持在监理投标、监理合同签订后及时进行"回头看"。

6. 定期走访，拓宽信息渠道。全面了解和掌握监理人员的执业行为、服务质量，把定期走访服务对象作为落实党风廉政建设的制度坚持下来。对敢于坚持原则、认真履责的监理人员予以保护，对于故意刁难、收受"好处"的监理人员坚决处理。

近年来，武汉铁道工程建设监理有限责任公司监理从业行为实现了"零"投诉、"零"信访，对此我们有以下两点体会：

一是"制度＋落实"是做好廉政建设的保证。制度贯彻的关键是抓好落实，不能搞"上有政策、下有对策"的"小动作"。因此，公司党风廉政建设才有"双零"局面。

二是"教育＋监管"是做好廉政建设的基础。经常对监理人员进行廉洁自律教育，定期对监理人员廉政执业情况进行检查，凡发"苗头"。"倾向"立即提醒。在各监理站设立廉政建设联络员加强监管工作，发现聘用人员有不良反应的一律辞退。因此，公司廉政建设才有"双零"成绩。

总之，要深入落实"两个责任"，坚持抓早抓小、防微杜渐，抓过程、抓盯控，把廉政建设具体落实到工程建设过程之中，才能规范新体制下权力的运行，真正做到工程优质，干部优秀，队伍廉洁。

《中国建设监理与咨询》征稿启事

《中国建设监理与咨询》是中国建设监理协会与中国建筑工业出版社合作出版的连续出版物，侧重于监理与咨询的理论探讨、政策研究、技术创新、学术研究和经验推介，为广大监理企业和从业者提供信息交流的平台，宣传推广优秀企业和项目。

一、栏目设置：政策法规、行业动态、人物专访、监理论坛、项目管理与咨询、创新与研究、企业文化、人才培养。

二、投稿邮箱：zgjsjlxh@163.com，投稿时请务必注明联系电话和邮寄地址等内容。

三、投稿须知：

1. 来稿要求原创、主题明确、观点新颖、内容真实、论据可靠，图表规范，数据准确，文字简练通顺，层次清晰，标点符号规范。

2. 作者确保稿件的原创性，不一稿多投、不涉及保密、署名无争议，文责自负。本编辑部有权作内容层次、语言文字和编辑规范方面的删改。如不同意删改，请在投稿时特别说明。请作者自留底稿，恕不退稿。

3. 来稿按以下顺序表述：①题名；②作者（含合作者）姓名、单位；③摘要（300字以内）；④关键词（2~5个）；⑤正文；⑥参考文献。

4. 来稿以 4000 ~ 6000 字为宜，建议提供与文章内容相关的图片（JPG格式）。

5. 来稿经录用刊载后，即免费赠送作者当期《中国建设监理与咨询》一本。

本征稿启事长期有效，欢迎广大监理工作者和研究者积极投稿！

欢迎订阅《中国建设监理与咨询》

《中国建设监理与咨询》面向各级建设主管部门和监理企业的管理者和从业者，面向国内高校相关专业的专家学者和学生，以及其他关心我国监理事业改革和发展的人士。

《中国建设监理与咨询》内容主要包括监理相关法律法规及政策解读；监理企业管理发展经验介绍和人才培养等热点、难点问题研讨；各类工程项目管理经验交流；监理理论研究及前沿技术介绍等。

《中国建设监理与咨询》征订单回执（2017）

订阅人信息	单位名称				邮编	
	详细地址					
	收件人				联系电话	
出版物信息	全年（6）期	每期（35）元	全年（210）元/套（含邮寄费用）		付款方式	银行汇款

订阅信息

订阅自2017年1月至2017年12月，_____ 套（共计6期/年）　　付款金额合计￥_____元。

发票信息

□开具发票
发票抬头：_____　　　　　纳税人识别号：_____
发票类型：一般增值税发票
发票寄送地址：□收刊地址　□其他地址
地址：_____　邮编：_____　收件人：_____　联系电话：_____

付款方式：请汇至"中国建筑书店有限责任公司"

银行汇款 □
户　名：中国建筑书店有限责任公司
开户行：中国建设银行北京甘家口支行
账　号：1100 1085 6000 5300 6825

备注：为便于我们更好地为您服务，以上资料请您详细填写。汇款时请注明征订《中国建设监理与咨询》并请将征订单回执与汇款底单一并传真或发邮件至中国建设监理协会信息部，传真 010-68346832，邮箱 zgjsjlxh@163.com。
联系人：中国建设监理协会　王北卫　孙璐，电话：010-68346832。
　　　　中国建筑工业出版社　焦阳，电话：010-58337250。
　　　　中国建筑书店　电话：010-68324255（发票咨询）。

《中国建设监理与咨询》协办单位

 北京市建设监理协会 会长：李伟	 中国铁道工程建设协会 副秘书长兼监理委员会主任：肖上潘	 京兴国际工程管理有限公司 执行董事兼总经理：李明安	 北京兴电国际工程管理有限公司 董事长兼总经理：张铁明
 北京五环国际工程管理有限公司 总经理：李兵	 中国水利水电建设工程咨询北京有限公司 总经理：孙晓博	 鑫诚建设监理咨询有限公司 董事长：严弟勇 总经理：张国明	 北京希达建设监理有限责任公司 总经理：黄强
 中船重工海鑫工程管理（北京）有限公司 总经理：栾继强	 中咨工程建设监理公司 总经理：杨恒泰	 山西省建设监理协会 会长：唐桂莲	 山西省建设监理有限公司 董事长：田哲远
 山西煤炭建设监理咨询公司 执行董事兼总经理：陈怀耀	 山西和祥建通工程项目管理有限公司 执行董事：王贵展 副总经理：段剑飞	 太原理工大成工程有限公司 董事长：周晋华	 山西省煤炭建设监理有限公司 总经理：苏锁成
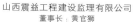 山西震益工程建设监理有限公司 董事长：黄官狮	 山西神剑建设监理有限公司 董事长：林群	 山西共达建设工程项目管理有限公司 总经理：王京民	 晋中市正元建设监理有限公司 执行董事兼总经理：李志涌
 运城市金苑工程监理有限公司 董事长：卢尚武	 吉林梦溪工程管理有限公司 总经理：张惠兵	 沈阳市工程监理咨询有限公司 董事长：王光友	 大连大保建设管理有限公司 董事长：张建东 总经理：柯洪清
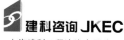 上海建科工程咨询有限公司 总经理：张强	 上海振华工程咨询有限公司 总经理：徐跃东	 山东同力建设项目管理有限公司 董事长：许继文	 山东东方监理咨询有限公司 董事长：李波
 江苏誉达工程项目管理有限公司 董事长：李泉	 连云港市建设监理有限公司 董事长兼总经理：谢永庆	 江苏赛华建设监理有限公司 董事长：王成武	 江苏建科建设监理有限公司 董事长：陈贵 总经理：吕所章
安徽省建设监理协会 会长：陈磊	 合肥工大建设监理有限责任公司 总经理：王章虎	 浙江省建设工程监理管理协会 副会长兼秘书长：章钟	 浙江江南工程管理股份有限公司 董事长总经理：李建军
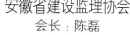 浙江华东工程咨询有限公司 执行董事：叶锦锋 总经理：吕勇	 浙江嘉宇工程管理有限公司 董事长：张建 总经理：卢甬	 江西同济建设项目管理股份有限公司 法人代表：蔡毅 经理：何祥国	 福州市建设监理协会 理事长：饶舜
 厦门海投建设监理咨询有限公司 法定代表人：蔡元发 总经理：白皓	 驿涛项目管理有限公司 董事长：叶华阳	 河南省建设监理协会 会长：陈海勤	 中兴监理 郑州中兴工程监理有限公司 执行董事兼总经理：李振文

《中国建设监理与咨询》协办单位

 河南建达工程咨询有限公司 总经理：蒋晓东	 河南清鸿建设咨询有限公司 董事长：贾铁军	 河南建基工程管理有限公司 总经理：黄春晓	 郑州基业工程监理有限公司 董事长：潘彬
 中汽智达（洛阳）建设监理有限公司 董事长兼总经理：刘耀民	 河南省光大建设管理有限公司 董事长：郭芳州	 河南方阵工程监理有限公司 总经理：宋伟良	 武汉华胜工程建设科技有限公司 董事长：汪成庆
湖南省建设监理协会 常务副会长兼秘书长：屠名瑚	 长沙华星建设监理有限公司 总经理：胡志荣	 湖南长顺项目管理有限公司 董事长：潘祥明 总经理：黄劲松	 深圳市监理工程师协会 会长：方向辉
 广东工程建设监理有限公司 总经理：毕德峰	 重庆赛迪工程咨询有限公司 董事长兼总经理：冉鹏	 重庆联盛建设项目管理有限公司 总经理：雷开贵	 重庆华兴工程咨询有限公司 董事长：胡明健
 重庆正信建设监理有限公司 董事长：程辉汉	 重庆林鸥监理咨询有限公司 总经理：肖波	 重庆兴宇工程建设监理有限公司 总经理：唐银彬	 四川二滩国际工程咨询有限责任公司 董事长：赵雄飞
 成都晨越建设项目管理股份有限公司 董事长：王宏毅	 云南省建设监理协会 会长：杨丽	 云南新迪建设咨询监理有限公司 董事长兼总经理：杨丽	 云南国开建设监理咨询有限公司 执行董事兼总经理：张葆华
 贵州省建设监理协会 会长：杨国华	 贵州建工监理咨询有限公司 总经理：张勤	 西安高新建设监理有限责任公司 董事长兼总经理：范中东	 西安铁一院工程咨询监理有限责任公司 总经理：杨南辉
 西安普迈项目管理有限公司 董事长：王斌	 西安四方建设监理有限责任公司 董事长：谢斐	 华春建设工程项目管理有限责任公司 董事长：王勇	 陕西华茂建设监理咨询有限公司 总经理：阎平
 永明项目管理有限公司 董事长：张平	甘肃经纬建设监理咨询有限责任公司 董事长：薛明利	甘肃省建设监理公司 董事长：魏和中	 新疆昆仑工程监理有限责任公司 总经理：曹志勇
WANG TAT 广州宏达工程顾问有限公司 总经理：伍忠民	 河南方大建设工程管理股份有限公司 董事长：李宗峰	 河南省万安工程建设监理有限公司 董事长：郑俊杰	 中元方工程咨询有限公司 董事长：张存钦

举办丰富多彩的行业文体活动，增强行业荣誉感和凝聚力

召开行业自律公约签约仪式

组织会员单位到项目监理部考察调研

河南省建设监理协会

河南省建设监理协会成立于1996年10月，经过二十年的创新发展、现已形成管理体系完善、运作模式成熟的现代行业协会组织。现有专职工作人员10人，秘书处下设培训部、信息部、行业发展部和综合办公室，另设诚信自律委员会和专家委员会。

河南省建设监理协会根据章程，实现自我管理，在提供政策咨询、开展教育培训、搭建交流学习平台、开展调查研究、创办报刊和网站、实施自律监督、维护公平竞争环境、促进行业发展、维护企业及执业者合法权益等方面，积极发挥自身作用。

二十年来，河南省建设监理协会秉承"专业服务，引领发展"的办会宗旨，不断提高行业协会整体素质，打造良好的行业形象，增强工作人员的服务能力，将全省监理企业凝聚在协会这个平台上，指导企业对内规范执业、诚信为本，对外交流扶持、抱团发展，引领行业实现监理行业的社会价值。大力加强协会的平台建设，带领企业对外交流，同外省市兄弟协会和企业学习交流，实现资源共享，信息共享，共同发展，扩大河南监理行业的知名度和影响力，使监理企业对协会平台有认同感和归属感。创新工作方式方法，深入开展行业调查研究，积极向政府及其有关部门反映行业、会员诉求，提出行业发展规划等方面的意见和建议，积极参与相关行业政策的研究，推动行业诚信建设，建立完善行业自律管理约束机制，制定行业相关规章制度，组织编制标准规程，规范企业行为，协调会员关系，维护公平竞争的市场环境。

新时期，新形势。围绕国家对行业协会的改革思路，河南省建设监理协会将按市场化的原则、理念和规律，开门办会，努力建设新型行业协会组织，为创新社会管理贡献力量。同时，依据河南省民政厅和住建厅的要求，协会将极力提升治理能力，完善治理体系，积极提升能力体系，适应行政管理体制改革、转变政府职能对行业协会提出的新要求、新挑战。

奉献，服务，分享。河南省建设监理协会的建设、成长和创新发展，离不开政府主管部门和中国建设监理协会的专业指导，离不开各省市兄弟协会和监理单位的鼎力支持，在可预见的未来，河南省建设监理协会将继续努力适应新形势的要求，继续建立和完善以章程为核心的内部管理制度，健全会员代表大会和理事会制度，继续加强自身服务能力建设，充分发挥行业协会在经济建设和社会发展中的重要作用。

贵州省建设监理协会

贵州省建设监理协会是由从事建设工程监理业务的企业自愿组成的行业性非营利性社会组织，接受贵州省住房和城乡建设厅和民政厅的业务指导和监督管理，于2001年8月经贵州省民政厅批准成立，2016年4月经全体会员代表大会选举完成了第四届理事会换届工作。贵州省建设监理协会是中国建设监理协会的团体会员及常务理事单位，2013年9月，经贵州省民政厅组织社会组织等级评估，被授予AAAAA级社会组织称号。现有会员单位221家，监理从业人员约2万多人，国家注册监理工程师约2500人，驻地设在贵州省贵阳市。

贵州省建设监理协会认真贯彻党的十八大和十八届三中、四中、五中、六中全会精神，以邓小平理论、"三个代表"重要思想、科学发展观为指导，深入贯彻习近平总书记系列重要讲话精神。协会以"服务企业、服务政府"为宗旨，发挥桥梁与纽带作用，贯彻执行政府的有关方针政策，维护会员的合法权益，认真履行"提供服务、反映诉求，规范行为"的基本职能；热情为会员服务，引导会员遵循"公平、独立、诚信、科学"的职业准则，维护公平竞争的市场环境，强化行业自律，积极引导监理企业规范市场行为，树立行业形象，维护监理信誉，提高监理水平，促进我国建设工程监理事业的健康发展，为国家建设更多的安全、适用、经济、美观的优质工程。

协会业务范围：主要是致力于提高会员的服务水平、管理水平和行业的整体素质。组织会员贯彻落实工程建设监理的理论、方针、政策；开展工程建设监理业务的调查研究工作，协助业务主管部门制定建设监理行业规划；制定并贯彻工程监理企业及监理人员的职业行为准则；组织会员单位实施工程建设监理工作标准、规范和规程；组织行业内业务培训、技术咨询、经验交流、学术研讨、论坛等活动；开展省内外信息交流活动，为会员提供信息服务；开展行业自律活动，加强对从业人员的动态监管；宣传建设工程监理事业；组织评选和表彰奖励先进会员单位和个人会员等工作。

第四届理事会会长杨国华，秘书长汤斌，10家骨干企业负责人担任副会长，本届理事会增设了监事会。

第四届理事会协会下设自律委员会和专家（顾问）委员会，各市（州）自律委员会成员负责该地区行业自律工作。协会完善并充实了由会员单位推荐具有高级职称的国家注册监理工程师、教授、行业专家组成的专家库。秘书处是本协会的常设办事机构，负责本协会的日常工作，对理事会负责。秘书处下设办公室、财务室、培训部、对外办事接待窗口。

地　址：贵州省贵阳市延安西路2号建设大厦西楼13楼
电　话：0851-85360147
Email：gzjsjlxh@sina.com
网　址：www.gzjlxh.com

2017年4月15日，贵州省监理协会在毕节市召开工程监理行业工程质量安全提升行动动员大会。

协会管理层考察港珠澳大桥项目　组织BIM技术应用讲座

协会组建黔西南工作部　协会遵义市工作部授牌

协会专家委员会赴北京考察交流　协会专家委员会赴天津考察交流

协会领导检查遵义高铁新城项目　协会向边远学校捐赠物资

北京新机场停车楼、综合服务楼及地下综合交通工程

北京新机场工作区（市政交通）

北京新机场西塔台项目

咸阳彩虹第 8.6 代 TFT-LCD 项目

中国邮政信息中心数据中心项目

北京京东方整机大楼项目

北京希达建设监理有限责任公司

北京希达建设监理有限责任公司始于 1988 年，隶属于中国电子工程设计院，具有工程监理综合资质、信息系统工程监理甲级资质、设备监理甲级资质、人防工程监理甲级资质和工程招标代理机构暂定级资质。是 1993 年国内首批获得甲级监理资质的企业之一。入选住建部"全国全过程工程咨询试点企业"。

公司的业务范围包括建设工程全过程项目管理、造价咨询、招标代理、建设监理、信息系统监理和设备监理等相关技术服务。涵盖国内外各类工业工程和民用建筑，业务涉及通信信息、医院、生物医药、航空航天、能源化工、节能环保、电力、轻工机械、市政公用工程、铁路、农林等。

近年来公司承担了众多的国家及地方重点工程建设监理工作，如机场项目：北京新机场、新机场西塔台、首都国际机场、石家庄国际机场、昆明国际机场；数据中心项目：中国移动数据中心、北京国网数据中心、中国民生银行总部、蒙东国网数据中心、中国邮政数据中心；医院项目：北大国际医院、合肥京东方医院；公共建筑 / 城市综合体：万达广场、几内亚国家体育场、塞内加尔国家剧院；电子工业厂房：上海华力 12 寸半导体、南京熊猫 8.5 代 TFT、咸阳彩虹 8.6 代 TFT、广州富士康 10.5 代 TFT、京东方（河北）移动显示；其他项目：黄骅铁路、北京郊县农业治理、滕州高铁新区基础建设、莆田围海造田等。获得鲁班奖、詹天佑奖、国优工程及省部级奖项近百个。公司连续多年获得国家和北京市优秀监理单位称号、北京市建设行业诚信监理企业，是中国建设监理协会理事单位、北京市监理协会常务理事单位、机械监理协会副会长单位等。

公司拥有完善的管理制度、健全的 ISO 体系及信息化管理手段。近年来多人获得全国优秀总监、优秀监理工程师称号，拥有高效、专业的项目管理团队。

地　　址：北京市海淀区万寿路 27 号
电　　话：68208757　68160802
邮　　编：100840
网　　址：www.xida.com

滕州市高铁新区基础设施建设项目

五矿地产房山理工大学 7 号地项目

中国电力科学院科技研发中心项目

莆田围海造田项目

山西煤炭建设监理咨询公司
SHANXI COAL DEVELOPMENT SUPERVISION&CONSULTANCY

晋城煤业集团科技大楼

晋城煤业集团寺河矿井

山西煤炭建设监理咨询公司成立于1991年4月，注册资金为300万元人民币，是中国建设监理协会、中国煤炭建设协会、山西省建设监理协会、山西省煤矿建设协会、山西省招投标协会等多家协会的会员单位，是中国煤炭建设协会指定的建设项目技术咨询和人员培训基地。

公司具有矿山、房屋建筑、市政公用、电力工程监理甲级资质，拥有公路监理乙级资质、人防工程监理丙级资质和招标代理资质。执业范围涵盖矿山、房屋建筑、电力、市政、公路等工程类别。公司通过了中质协质量、环境、职业健康安全管理体系认证。

李雅庄热电厂

梅花井煤矿

公司设有综合办公室、计划财务部、安全质量管理中心、市场开发部、招标部5个职能部门以及118个现场工程监理部。公司现有员工776人，国家注册监理工程师64人，国家注册造价工程师3人，国家注册设备监理师15人，国家注册安全工程师4人，国家注册一级建造师4人，山西省注册监理工程师449人，煤炭行业注册监理工程师229人。

公司自成立以来，严格遵照国家、行业以及山西省有关工程建设的法律法规，依据批准的工程项目建设文件、工程监理合同及监理标准，运用技术、经济、法律等手段开展建设监理工作。秉承"干一项工程，树一座丰碑，交一方朋友，赢一片市场"的发展理念，贯彻"规范监理、一丝不苟、高效优质、竭诚服务、持续改进、业主满意"的质量方针，把工作质量放在首位，为加快工程建设速度、提高工程建设质量发挥了积极作用。

山西高河能源有限公司矿区

公司承接完成和在建的矿山、房建、电力以及市政、公路、铁路等项目工程628项，监理项目投资额累计达到1600亿元，所监理项目工程的合同履约率达100%，未发生监理责任事故。所监理的工程中，4个工程获得中国建筑工程"鲁班奖（国家优质工程）"奖项；15个工程获得中国煤炭行业优质工程奖；15个工程获得煤炭行业"太阳杯"奖；7个工程获得山西省优良工程奖；4个工程获得山西省"汾水杯"奖；公司先后五次获得全国建设监理先进单位；连续十六年获得山西省工程监理先进企业；七次获得煤炭行业优秀监理企业；八次获得省煤炭工业厅（局）煤炭基本建设系统先进企业。

山西焦煤办公大楼

山西煤炭进出口公司职工集资住宅楼

屯留煤矿主井

2008年11月，山西省建设监理协会授予公司"三晋工程监理企业二十强"；2009年10月，由中国建筑业协会联合十一家行业建设协会共同评选出的"新中国成立60周年百项经典暨精品工程"，公司承接监理的山西晋煤（集团）寺河矿井项目获得"经典工程"奖；2010年10月，在中国煤炭建设协会组织的首次全国煤炭行业"十佳监理部"评选活动中，公司承担监理的潞安矿业集团高河矿井项目的第四工程监理部获得"十佳"第一名；2012年10月，斜沟煤矿及选煤厂工程监理部被评为煤炭行业"双十佳"监理部；2014年12月，李村矿井工程监理部被评为"煤炭行业十佳监理部"。

塔山办公楼

塔山煤矿

二十多年不平凡的发展历程，二十多年的努力拼搏，造就了公司今日的辉煌，更夯实了公司发展的基础。我们将继续本着"守法、诚信、公正、科学"的行为准则，竭诚为社会各界提供更为优质的服务。

地　址：山西省太原市南内环街98-2号（财富国际大厦11层）
电　话：0351-7896606
传　真：0351-7896660
联系人：杨慧
邮　编：030012
邮　箱：sxmtjlzx@163.com

太原煤气化集团煤矸石热电厂

屯留煤矿110kV变电站

卢尚武总经理和他的工程师们（荣获纪念建国六十周年摄影作品三等奖）

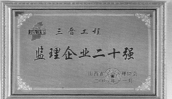

监理企业二十强

河津北城公园

龙海大道住宅区

运城高速公路管理局综合办公大楼

运城市环保大厦

运城市农行培训中心大楼　运城市人寿保险公司办公大楼　运城市邮政生产综合楼

运城市金苑工程监理有限公司
YUNCHENGSHI JINYUAN GONGCHENG JIANLI YOUXIANGONGSI

运城市金苑工程监理有限公司成立于1998年11月，是运城市最早成立的工程监理企业，公司现具有房屋建筑工程、市政公用工程监理甲级资质、工程造价咨询乙级资质及招标代理资质。可为建设单位提供招标代理、房屋建筑工程与市政工程监理、工程造价咨询等全面、优质、高效的全方位服务。

公司人力资源丰富，技术力量雄厚，拥有一批具有一定知名度、实践经验丰富、高素质的专业技术团队，注册监理工程师、注册造价师、注册建造师共36人次。公司机构设置合理、专业人员配套、组织体系严谨、管理制度完善。

金苑人用自己的辛勤汗水和高度精神，赢得了社会的认可和赞誉，公司共完成房屋建筑及市政工程监理项目600余项，工程建设总投资超出100个亿，工程质量合格率达100%，市卫校附属医院、市人寿保险公司办公楼、市邮政生产综合楼、农行运城分行培训中心、鑫源时代城、河津新耿大厦等六项工程荣获山西省建筑工程"汾水杯"质量奖，运城市中心医院新院医疗综合楼、八一湖大桥、永济舜都文化中心等十余项工程荣获省优工程质量奖。连续多年被山西省监理协会评为"山西省工程监理先进单位"，2008年跃居"三晋工程监理二十强企业"，陈续亮同志被授予"三晋工程监理大师"光荣称号。

公司全体职员遵循"公平、独立、诚信、科学"的执业准则，时刻牢记"严格监理、热情服务、履行承诺、质量第一"的宗旨，竭诚为用户提供一流的服务，将一个个精品工程奉献给了社会。已在运城监理业界取得了"五个第一"：成立最早开展业务时间最长；最早取得业内甲级资质；取得国家级和省级注册监理工程师资格证书人数最多；所监理的工程获"汾水杯"质量奖最多；获省建设监理协会表彰次数最多。铸就了运城监理业界第一品牌，赢得了业主和社会各界的广泛赞扬。《运城广播电视台》《运城日报》《黄河晨报》《山西商报》《山西建设监理》等新闻媒体曾以各种形式对公司多年来的发展历程和辉煌业绩予以报道。

开拓发展，增强企业信誉，与时俱进，提升企业品牌。在构建和谐社会和落实科学发展观的新形势下，面对机遇和挑战，公司全体职员齐心协力，不断进取，把金苑监理的品牌唱响三晋大地！

地　址：运城市河东街学府嘉园星座一单元201室
电　话：0359—2281585
传　真：0359—2281586
网　址：www.ycjyjl.com
邮　箱：ycjyjl@126.com

背景：八一湖大桥

大连大保建设管理有限公司

大连大保建设管理有限公司是在 1994 年 7 月创建的大连保税区监理公司的基础上，于 2000 年 9 月改制成立，是一家集工程监理、造价咨询、招标代理、建筑设计等多项资质为一体的建设工程项目技术经济管理咨询公司，公司注册资金 600 万元。

公司通过了 ISO19001:2008 质量管理体系、职业健康管理体系、环境管理体系认证。现具有房屋建筑工程、市政公用工程、电力工程监理甲级资质，招标代理乙级、工程造价乙级资质。

公司自创建以来，先后承揽各类建筑工程、电力工程、市政工程监理、招标代理、造价咨询、建筑设计、项目管理等千余项工程，总投资超过千亿元人民币。公司在建设和发展的过程中，坚持以监理服务为平台，不断积累实践经验、不断面向工程项目管理服务拓展，成功地为多家外资企业提供了工程项目管理、工程总承包和代建服务。

近年来，公司在电力工程监理方面取得了长足进步，在全国范围内承揽了多个高压、超高压输变电工程，风电、火电、光伏发电项目，在电力监理行业打开了市场，取得了一定的知名度。

公司在为社会和建设业主提供服务的过程中，不仅获得良好的经济效益，也赢得了诸多社会荣誉。有多项工程获辽宁省"世纪杯"奖，连续多年被评为省先进监理单位，多年的守合同、重信用单位，被中国社会经济调查所评为质量、服务、信誉 AAA 企业，建设行政主管部门、广大建设业主也给予了"放心监理""监督有力、管理到位"的赞誉，是大连市工程建设监理协会副会长单位、中国建设监理协会会员。2011 至 2012 年度被中国监理协会评为"全国先进监理企业"。多年来，公司在承载社会责任的同时热衷慈善事业，年年为慈善事业捐款，在保税区建立慈善基金，公司领导当选大连市慈善人物，公司多次获得"慈善优秀项目奖"，受到社会各界的广泛好评。

公司在发展过程中，十分注重提供服务的前期策划，充分注重专业人才的选拔与聘用，坚持科学发展和规范化、标准化的管理模式，大量引进和吸收高级人才，公司所有员工都具有大专以上学历和专业技术职称，现拥有国家注册各类执业资格证书的人员 78 人，辽宁省评标专家 18 人。工程设计、造价、建造、工程管理、招标代理、外文翻译等专业门类人才齐全，技术力量雄厚，注重服务和科研相结合，先后在《中国建设监理与咨询》《建设监理》杂志上发表学术论文 30 余篇，在大连监理行业中处于领先地位。

通过多个工程项目管理（代建）、招标代理、工程造价咨询服务的实践检验，公司已完全具备为业主提供建筑工程全过程服务的实力。全体员工将坚持以诚实守信的经营理念，过硬的专业技术能力、吃苦耐劳的拼搏精神，及时、主动、热情、负责的工作态度，守法、公正、严格、规范的内部管理，以及以业主满意为服务尺度的经营理念，愿为广大建设业主提供实实在在的，省心省力省钱的超值服务。

优质服务哪里找，请找我大保！

地　址：大连市开发区黄海西六路 9# 富有大厦 B 座 9 楼
电　话：0411-87642981、87642366
传　真：0411-87642911
网　址：http://www.dbjl.com.cn

代建制项目－伊新（大连）物流中心工程

大连地铁项目

代建制－大连迪日坤船舶用品有限公司新建工程

辽宁鞍炼集团热电联产热源项目

包头领跑者光 50MW 伏项目

山西交口县棋盘山风电场（100MW）工程

扎鲁特－科尔沁 500 千伏输变电工程

黑龙江嫩江红石砬水电站

大连国贸（380m）

海创大厦（160m）

背景：长兴岛道路市政工程

九江国际金融广场项目

郑州市轨道交通一号线项目

贵州中烟工业公司贵阳卷烟厂易地搬迁
技术改造项目（国家优质工程奖、国家
钢结构金奖）

厦门高崎国际机场 T4 航站楼项目

河南省人民政府办公大楼项目

三门峡市文化体育会展中心项目（国家优质工程奖）

鲁班奖——郑州市京广快速路项目

郑州绿地中央广场项目（中原地标）   郑州市京广路南三环互通立交项目

背景：援乍得议会大厦项目

中兴监理

郑州中兴工程监理有限公司

郑州中兴工程监理有限公司是国内大型综合设计单位——机械工业第六设计研究院有限公司的全资子公司，隶属于大型中央企业——中国机械工业集团公司，是中央驻豫单位。公司有健全的人力资源保障体系，有独立的用人权、考核权和分配权。具备多项跨行业监理资质，是河南省第一家获得"工程监理综合资质"的监理企业；同时具有交通运输部公路工程监理甲级资质、人防工程监理甲级资质及招标代理资质和水利工程监理资质。公司充分依靠中机六院和自身的技术优势，成立了公司自己的设计团队（中机六院有限公司第九工程院），完善了公司业务链条。公司成立了自己的BIM研究团队，为业主提供全过程的BIM技术增值服务；同时应用自己独立研发的EEP项目协同管理平台，对工程施工过程实行了高效的信息化管理及办公。目前公司的服务范围由工程建设监理、项目管理、工程招标代理，拓展到工程设计、工程总承包（EPC）、工程咨询、造价咨询、项目代建等诸多领域，形成了具有"中兴特色"的服务。

公司自成立以来，连续多年被住房和城乡建设部、中国建设监理协会、中国建设监理协会机械分会、省建设厅、省建设监理协会等建设行政和行业主管部门评定为国家、部、省、市级先进监理企业；自2004年建设部开展"全国百强监理单位"评定以来，公司是河南省唯一一家连续入围全国百强的监理企业（最新全国排名第19位），也是目前河南省在全国百强排名中最靠前的房建监理企业；同时也是河南省唯一一家连续五届荣获国家级"先进监理企业"荣誉称号的监理企业、河南省唯一一家荣获全国"共创鲁班奖工程优秀监理企业"、河南省第一批通过质量、环境及职业健康安全体系认证的监理企业。

近几年来，公司产值连年超亿，规模河南第一。近年来监理过的工程获"鲁班奖"及国家优质工程19项、国家级金奖5项，国家级市政金杯示范工程奖4项，省部级优质工程奖200余项，是河南省获得鲁班奖最多的监理企业。

公司现有国家注册监理工程师200余人，注册设备监理工程师、注册造价师、一级注册建造师，一、二级注册建筑师，一级注册结构师、注册咨询师、注册电气工程师、注册化工工程师、人防监理师共225人次；有近200余人次获国家及省市级表彰。

经过近20年的发展，公司已成为国内颇具影响、河南省规模最大、实力最强的监理公司之一；国内业务遍及除香港、澳门、台湾及西藏地区以外的所有省市自治区；国际业务涉及亚洲、非洲、拉丁美洲等二十余个国家和地区；业务范围涉及房屋建筑、市政、邮电通信、交通运输、园林绿化、石油化工、加工冶金、水利电力、矿山采选、农业林业等多个行业。公司将秉承服务是立企之本、人才是强企之基、创新是兴企之道的理念，用我们精湛的技术和精心的服务，与您的事业相结合，共创传世之精品。

地　址：河南省郑州市中原中路 191 号
电　话：0371-67606789、67606352
传　真：0371-67623180
邮　箱：zxjl100@sina.com
网　址：www.zhongxingjianli.com
邮　编：450007

广东工程建设监理有限公司

广东工程建设监理有限公司，是于1991年10月经广东省人民政府批准成立的省级工程建设监理公司。公司从白手起家，经过二十多年发展，已成为拥有自有产权的写字楼、净资产达数千万元的大型专业化工程管理服务商。

公司具有工程监理综合资质、招标代理和政府采购代理机构甲级资格、甲级工程咨询、甲级项目管理、造价咨询甲级资质（分立）以及人防监理资质，已在工程监理、工程招标代理、政府采购、工程咨询、工程造价和项目管理、项目代建等方面为客户提供了大量的优质的专业化服务，并可根据客户的需求，提供从项目前期论证到项目实施管理、工程顾问管理和后期评估等紧密相连的全方位、全过程的综合性工程管理服务。

公司现有各类技术人员800多人，技术力量雄厚，专业人才配套齐全，具有全国各类注册执业资格人才300多人，其中注册监理工程师100多人，拥有中国工程监理大师及各类注册执业资格人员等高端人才。

公司管理先进、规范、科学，已通过质量管理体系、环境管理体系、职业健康安全管理体系以及信息安全管理体系四位一体的体系认证，采用OA办公自动化系统进行办公和使用工程项目管理软件进行业务管理，拥有先进的检测设备、工器具，能优质高效地完成各项委托服务。

公司非常重视项目的服务质量和服务效果，所参建的项目，均取得了显著成效，一大批工程被评为鲁班奖、詹天佑土木工程大奖、国家优质工程奖、全国市政金杯示范工程奖、全国建筑工程装饰奖和省、市建设工程优质奖等，深受建设单位和社会各界的好评。

公司有较高的知名度和社会信誉，先后多次被评为全国先进建设监理单位和全国建设系统"精神文明建设先进单位"，荣获"中国建设监理创新发展20年工程监理先进企业"和"全国建设监理行业抗震救灾先进企业"称号。被授予"国家守合同重信用企业"和"广东省守合同重信用企业"；多次被评为"全省重点项目工作先进单位"；连续多年被评为"广东省服务业100强"和"广东省诚信示范企业"。

公司恪守"质量第一、服务第一、信誉第一"和信守合同的原则，坚持"以真诚赢得信赖，以品牌开拓市场、以科学引领发展，以管理创造效益，以优质铸就成功"经营理念，贯彻"坚持优质服务，保持廉洁自律，牢记社会责任，当好工程职业卫士"的工作准则，推行"竞争上岗、绩效管控、执着于业、和谐统一"的管理方针，在激烈的市场竞争大潮中，逐步建立起自己的企业文化，公司将一如既往，竭诚为客户提供高标准的超值的服务。

微信公众号：广东工程建设监理有限公司

地　址：广州市越秀区白云路 111-113 号白云大厦 16 楼
邮　编：510100
电　话：020-83292763、83292501
传　真：020-83292550
邮　箱：gdpmco@126.com
网　址：http://www.gdpm.com.cn

南宁国际会展中心

东莞玉兰大剧院

广东奥林匹克体育中心

佛山西站综合交通枢纽工程

底图：广深高速公路

重庆市人民大礼堂
2002 年度全国建筑工程装饰奖

重庆市经开区"江南水岸"公租房
总面积：133 万 m²

四川烟草工业有限责任公司西昌分厂
整体技改项目
2012~2013 年度中国建设工程鲁班奖

重庆建工产业大厦
2010~2011 年度中国建设工程鲁班奖

重宾保利国际广场
2015~2016 年度中国安装工
程优质奖（中国安装之星）

重庆朝天门国际商贸城
总建筑面积：61.5 万 m²

重庆大学主教学楼
2006 年度中国建设
工程鲁班奖
第七届中国土木工
程詹天佑奖

重庆大学虎溪校区图文信息中心
2010~2011 年度中国建设工程鲁班奖

重庆大学虎溪校区理科大楼
2014~2015 年度 中国建设工程鲁班奖

重庆林鸥监理咨询有限公司

重庆林鸥监理咨询有限公司成立于 1996 年，是由重庆大学资产经营有限责任公司和重庆大学科技企业（集团）有限责任公司共同出资的国家甲级监理企业，主要从事各类工程建设项目的全过程咨询和监理业务，目前具有住房和城乡建设部颁发的房屋建筑工程监理甲级资质、市政公用工程监理甲级资质、机电安装工程监理甲级资质、水利水电工程监理乙级资质、通信工程监理乙级资质，以及水利部颁发的水利工程施工监理丙级资质。

公司结构健全，建立了股东会、董事会和监事会，此外还设有专家委员会，管理规范，部门运作良好。公司检测设备齐全，技术力量雄厚，现有员工 800 余人，拥有一支理论基础扎实、实践经验丰富、综合素质高的专业监理队伍，包括全国注册监理工程师、注册造价工程师、注册结构工程师、注册安全工程师、注册设备工程师及一级建造师等具有国家执业资格的专业技术人员 125 人，高级专业技术职称人员 90 余人，中级职称 350 余人。

公司通过了中国质量认证中心 ISO9001：2008 质量管理体系认证、GB/T 28001-2011 职业健康安全管理体系认证和 ISO14001：2004 环境管理体系认证，率先成为重庆市监理行业"三位一体"贯标公司之一。公司监理的项目荣获"中国土木工程詹天佑大奖"1 项，"中国建设工程鲁班奖"6 项，"全国建筑工程装饰奖"2 项，"中国房地产广厦奖"1 项，"中国安装工程优质奖（中国安装之星）"2 项及"重庆市巴渝杯优质工程奖"、"重庆市市政金杯奖""重庆市三峡杯优质结构工程奖""四川省建设工程天府杯金奖、银奖"、贵州省"黄果树杯"优质施工工程等省市级奖项 130 余项。公司连续多年被评为"重庆市先进工程监理企业""重庆市质量效益型企业""重庆市守合同重信用单位"。

公司依托重庆大学的人才、科研、技术等强大的资源优势，已经成为重庆市建设监理行业中人才资源丰富、专业领域广泛、综合实力最强的监理企业之一，是重庆市建设监理协会常务理事、副秘书长单位和中国建设监理协会会员单位。

质量是林鸥监理的立足之本，信誉是林鸥监理的生存之道。在监理工作中，公司力求精益求精，实现经济效益和社会效益的双丰收。

地　址：重庆市沙坪坝区重庆大学 B 区科苑酒店 8 楼
电　话：023-65126150
传　真：023-65126150
网　址：www.cqlinou.com

河南清鸿建设咨询有限公司

总经理贾铁军

河南清鸿建设咨询有限公司于 1999 年 9 月 23 日经河南省工商行政管理局批准注册成立、注册资金 1010 万元人民币。是一家具有独立法人资格的技术密集型企业，致力于为业主提供全过程高智能服务、立志成为全国一流的综合性工程咨询公司，公司具有甲级房屋建筑工程监理资质、甲级市政公用工程监理资质、甲级电力工程监理资质、甲级公路工程监理资质、甲级化工石油工程监理资质、水利部水利施工监理资质、国家人防办工程监理资质、工程招标代理资质、政府采购资质。

清鸿咨询主要从事工程监理、项目管理、招标代理、造价咨询等业务。其中工程监理业务涉及民用建筑、工业、公共建筑、市政、电力、水利、公路、人防、化工石油、生态环境保护等工程；项目管理涉及项目决策和实施阶段的各个环节的管理；招标代理涉及勘察设计、施工、造价、监理、材料、设备供应商、政府采购等各类服务性单位招标项目；造价咨询涉及预算编制、标底编制、工程全过程造价咨询、结算审核、工程法律纠纷核价定价等。公司现有管理和技术人员 480 余名，其中高级技术职称 24 人，中级技术职称 287 人。公司项目监理部人员 447 名，均具备国家认可的上岗资格；其中，国家注册监理工程师 71 人、注册一级建造师 15 人、注册造价工程师 6 人、河南省专业监理工程师 267 人、监理员 206 人，人才涉及建筑、结构、市政道路、公路、桥梁、给排水、暖通、电气、水利、化工、石油、景观、经济、管理、电子、智能化、钢结构、设备安装等各专业领域。

清鸿咨询公司在总经理贾铁军的带领下，连续十年被评为"河南省先进监理单位"，同时为中国《建设监理》杂志理事单位、河南省建设监理协会副秘书长单位。荣获河南省住房和城乡建设厅（豫建建 [2016]50 号文）2016~2018 年度全省建筑业骨干企业荣誉称号，国家级"重合同、守信用 AAA 级"监理单位，被评为先进基层党组织、优秀共建单位，并通过了质量、环境、安全三体系认证。2007 年以来，承接地方民建项目、工业项目、市政工程、水利工程等项目千余项，多次荣获河南省安全文明工地、河南省"结构中州杯""中州杯""市政金杯奖"等奖项。

清鸿咨询坚持秉承公司的核心价值观"用心服务、创造价值"，提供多层次、全方位、高标准、综合性的咨询服务，更好地回馈客户、回馈社会。

河南农业大学河南粮食作物协同创新中心大厦

绿地璀璨天城

宜阳一场两馆建设工程

尉氏中医院

洛阳新区中原大道跨伊河大桥建设工程

中国中部生物科技产业园

周口汉阳路大闸桥工程

地　址：河南省郑州市金水区丰产路 21 号
电　话：0371-65851311
邮　编：450000
邮　箱：hnqhgcb@126.com
网　址：http://www.hnqhpm.com/

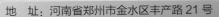

周商连接通道建设一路打造工程

山西大医院

山西省科技馆

太原幸福里项目

伊甸城商住楼

中鼎物流园

神剑 SHENJIAN 山西神剑建设监理有限公司

山西神剑建设监理有限公司，于一九九二年经山西省建设厅和山西省计、经委批准成立，是具有独立法人资格的专营性工程监理公司。公司具有房屋建筑甲级、机电安装甲级、化工石油甲级、市政公用甲级、人防工程乙级、电力工程乙级等工程监理资质，以及山西省环境监理备案与军工涉密业务保密备案资格，并通过了 ISO9001 质量管理体系、ISO14001 环境管理体系、GB/T 28001–2011/OHSAS 职业健康安全管理体系三体系认证。子公司——"山西北方工程造价咨询有限公司"拥有工程造价、工程咨询双甲级资质。

公司注册资本 1100 万元，主营工程建设监理、人防工程监理、环境工程监理、安防工程监理、建设工程项目管理、建设工程技术咨询、项目经济评价、工程预决算、招标标底、投标报价的编审及工程造价监控等业务。

公司下设经营开发部、工程监理部、办公室、总工程师办公室、督查部、人力资源部、财务部、资产采购部等八个部室及工程造价咨询分公司，并依托山西省国防工业系统工程建设各类专业人员的分布状况，组建了近百个项目监理部，基本覆盖了全省各地，并已率先介入北京、内蒙古、河北、广东等外埠市场，开展了监理业务。公司在监理业务活动中，遵循"守法、诚信、公正、科学"的准则，重信誉、守合同，提出了"顾客至上、诚信守法、精细管理、创新开拓、全员参与、持续发展"管理方针，在努力提高社会效益的基础上求得经济效益。

公司现有建筑、结构、化工、冶炼、电气、给排水、暖通、装饰装修、弱电、机械设备安装、工程测量、技术经济等专业工程技术人员 602 人，现有注册监理工程师 91 人、注册造价工程师 4 人、注册设备监理工程师 2 人、一级建造师 3 人、二级建造师 1 人、环境监理工程师 12 人、人防监理工程师 33 人。

公司自成立以来，先后承担了千余项工程建设监理任务，其中工业与科研、军工、化工石油、机电安装工程、市政公用工程、电力工程、人防工程项目 200 余项，房屋建筑工程项目 880 余项。

"优质服务、用户至上"是我们的一贯宗旨。公司十分重视项目监理部的建设和管理工作，实行总监理工程师负责制，组建了一批综合素质高、专业配套齐全、年龄结构合理、敬业精神强的项目监理部。人员到位、服务到位。近二十年来在我们所监理的工程项目中，通过合理化建议、优化设计方案和审核工程预结算等方面的投资控制工作，为业主节约投资数千万元。同时，通过事前、事中和事后等环节的动态控制，圆满实现了质量目标、工期目标和投资目标，受到了广大业主的认可和好评。

公司自 1992 年成立以来，承蒙社会各界和业主的厚爱，不断发展壮大，取得了一些成绩，赢得了较高的信誉。曾多次被山西省国防科工办、山西省住房和城乡建设厅、山西省建设监理协会、山西省建筑业协会、山西省工程造价管理协会、太原市住建委、市工程质量监督站、市安全监督站评为先进单位。但我们并不满足现状，将一如既往、坚持不懈地加强队伍建设，狠抓经营管理，奋力拼搏进取。我们坚信，只要将脚踏实地的工作作风与先进科学的经营管理方法紧密结合并贯穿在每个项目监理工作始终，神剑必将成为国内一流的监理企业。

地　址：山西省太原市新建北路 211 号新建 SOHO18 层
邮　编：030009
电　话：0351-5258095 5258096 5258098
传　真：0351-5258098 转 8015
Email：sxsjjl@163.com
网　址：www.sxsjjl.com

华春建设工程项目管理有限责任公司

华春建设工程项目管理有限责任公司成立于 1992 年。历经 25 年的稳固发展，现拥有工程招标代理、工程造价咨询、中央投资招标代理、房屋建筑工程监理、市政公用工程监理 5 项国家甲级资质，10 余项其他各级资质，先后通过了 ISO9001：2000 国际质量管理体系认证、ISO14001：2004 环境管理体系认证和 OHSAS18001：2007 职业健康安全管理体系认证，业务涵盖项目管理、造价咨询、招标代理、工程监理、司法鉴定等。

华春公司自成立之日起，始终秉承着"专业、规范、周全"的企业核心理念，诚信为本、学习创新、专注一致、坚守契约，以"项目管理专家"为企业定位，先后完成了近万个建设工程的项目管理、全过程造价控制、价格评审、招标代理、工程监理、司法鉴定等业务，使华春品牌广誉深远，名噪同侪。

华春坚持"以奋斗者为本"的人才发展战略，筑巢引凤、梧桐栖凰，现拥有注册造价工程师 120 位、招标师 54 位、高级职称人员 52 位、一级注册建造师和国家注册监理工程师 47 位、软件工程师 40 位、工程造价司法鉴定人员 19 位、国家注册咨询工程师 10 位，并组建了由 13 个专业、1200 多名专家组成的评标专家库，使能者汇聚华春，以平台彰显才气。

躬耕西岭，春华秋实，25 年的深沉积淀，让华春林桃树李，实至名归，先后成为中招协、中国招投标研究分会常务理事、中价协理事单位、海外工程专家顾问单位、中监协会员单位、省招协副会长单位，省价协、省监协理事单位等；先后荣获"2016 年全国招标代理行业信用评价 AAA 级单位""2016 年全国工程造价咨询企业信用评价 AAA 级单位""2016 年全国招标代理诚信先进单位""2016 年度全国造价咨询企业百强排名第 28 名""全国建筑市场与招标投标行业突出贡献奖"等近百项荣誉；此外，华春党总支先后被评为"先进基层党组织""2016 年四星级非公有制企业党组织"及"精神文明建设先进单位"等。

2014 年起，华春斥资转型升级，先后开发建设了华春电招云平台、华春众创工场、华春众创云平台、BIM 众包网等，全力将华春打造成"建设工程领域全产业链服务商"。2017 年，华春建设咨询集团获批成立，注册资金 3.35 亿元，下辖四个子公司，分别为华春项目管理公司、华春网络公司、华春众创工场、华春电招公司；拥有 5 个国家甲级资质、15 项软件注册权产品，员工 1500 人，年收入 2.09 亿元，形成了建设工程项目管理领域集团化专业综合服务型企业。

今天的华春，坚持不忘初心，裹挟着创新与奋斗的精神锲而不舍，继续前行，以"做精品项目，铸百年华春"为伟大愿景，开拓进取、汗洒三秦，以"为中国建设工程贡献全部力量"为使命，全力谱写"专业华春、规范华春、周全华春、美丽华春"新篇章！

地　址：西安市雁塔区南二环西段 58 号成长大厦 8 层
电　话：029-89115858
传　真：029-85251125
网　址：www.huachun.asia
邮　箱：huachunzaojia@163.com

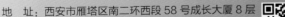

华春工程项目管理

总经理　王莉

办公场所（1）

办公场所（2）

企业资质

企业荣誉

湖北省随州市中心医院

榆林朝阳大桥

西安三环枣园立交

西藏飞天国际大酒店

陕西医学高等专科学校

西安建筑科技大学综合实验楼、土木实验楼

甘肃省人民医院7、8号楼

张掖大剧院

甘肃省建设监理公司

　　甘肃省建设监理公司成立于1993年，是隶属于甘肃省住房和城乡建设厅的大型国有企业，甘肃省建设监理协会会长单位。拥有房屋建筑工程监理甲级、市政公用工程监理甲级、机电设备安装工程监理甲级、化工石油工程监理甲级、冶炼工程监理乙级、水利水电工程监理乙级、人防工程监理乙级资质，拥有建设项目代建一级、建设工程造价咨询乙级、建设工程招标代理乙级资质，2002年通过ISO9000：2000质量管理体系认证。

　　公司拥有各类专业技术人员210人，其中正高级职称2名，高级职称29名，中级职称79名；拥有国家注册监理工程师、注册造价工程师、一级建造师等各类国家注册人员88人。

　　公司所监理的项目荣获了国家、省部级、市级质量奖80多项。其中"詹天佑奖"1项、"鲁班奖"3项、"飞天金奖"7项、"飞天奖"57项、"白塔金奖"和"白塔奖"20余项。

　　董事长：魏和中

兰州大学综合科技楼

长城大饭店效果图

中石油住宅小区

甘肃大剧院

甘肃省人民医院－住院部

兰大二院内科医疗综合楼

河南省万安工程建设监理有限公司

河南师范大学

河南省交通勘察设计研究院科研中心办公楼工程（鲁班奖）

河南省万安工程建设监理有限公司成立于2000年1月31日，拥有房屋建筑工程、市政公用工程、水利水电工程、公路工程、机电安装工程五项甲级资质。公司在十几年的发展历程中，连续多年被授予"河南省先进工程监理企业"称号，荣获郑州市"五一劳动奖"，2013年荣获"全国工程监理行业优秀企业"，2010年、2012年、2014年、2016年被授予"河南省工程监理企业二十强"，荣获2016年"河南省建设工程招标投标诚实守信单位"、2016年度"河南十佳智慧管理卓越企业"、2016年度"河南省先进监理企业"。现为河南省建设监理协会副会长单位和中国建设监理协会会员单位。

二七万达广场（广厦奖）

盐业大厦（装配式建筑）

公司组织机构健全，集中了全省众多专家和工程技术管理人员，专业技术力量雄厚，涵盖多个领域，配套齐全，是一支技术过硬、团结协作、纪律严明的专业化队伍。公司业绩遍及国内津、冀、鲁、辽、蒙、宁、皖、琼、青、渝、川、贵、新、藏等省市及河南省内的十八地市。经营范围由单一的工程监理发展成为全方位工程监理、项目管理、技术咨询等规模经营。

贾鲁河绿化项目

京广快速路北三环立交（省优质工程、市政金杯奖）

公司坚持以质量信誉为依托，服务社会为己任，把生命意识融入建筑，坚持"融合多元，板块联动，供给改革，综合提升"紧跟时代潮流打造监理品牌。以"质量安全第一、综合效益第一"为目标，以"诚信、科学、创新、奉献"为企业精神，建立"自信、责任、荣誉、效率"的运行管理机制。竭诚为用户服务，为工程建设服务。

公司逐步建立了系统科学的管理体系，先后通过质量管理体系、环境管理体系、职业健康安全管理体系标准认证。通过严格执行三体系标准，不断规范自己的市场行为，公司管理更加规范有序。公司在取得一定业绩和积累工程项目管理经验的同时，注重创新发展，与当地院校合作，积极推进BIM技术的掌握和运用，为提升公司服务水平和长远发展奠定了基础。

郑州新郑国际机场二期扩建工程

公司秉承"优质的价值服务，高效的资源配置，灵活的管理创新，良好的社会信誉"的核心理念，注重企业自身的定位和企业文化建设，加强社会公德教育，着力塑造"万安管理"品牌。公司将在过去取得成绩的基础上，立足本省，开拓国内，面向世界，愿与国内外建设单位建立战略合作伙伴关系，用我们雄厚的技术力量和丰富的管理经验，竭诚为各界业主提供优质的建设工程监理、项目咨询管理服务，携手开创和谐共赢的未来。

地　址：郑州市郑东新区郑开大道与康庄路口中原保险大厦A座22楼
电　话：0371-55572977/55575266
传　真：0371-63825098
邮　箱：henanwananjianli@163.com
网　址：www.wananjianli.com

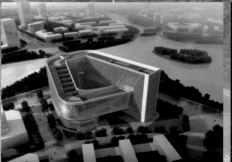
国家技术转移中心（国家重点项目）

周口广播电视多功能发射塔钢结构工程（安装之星奖）

背景：郑州市中心城区地下综合管廊工程金水科教园区项目（规划面积56平方公里）